T0129610

essentials

essentials liefern aktuelles Wissen in konzentrierter Form. Die Essenz dessen, worauf es als „State-of-the-Art" in der gegenwärtigen Fachdiskussion oder in der Praxis ankommt. *essentials* informieren schnell, unkompliziert und verständlich

- als Einführung in ein aktuelles Thema aus Ihrem Fachgebiet
- als Einstieg in ein für Sie noch unbekanntes Themenfeld
- als Einblick, um zum Thema mitreden zu können

Die Bücher in elektronischer und gedruckter Form bringen das Fachwissen von Springerautor*innen kompakt zur Darstellung. Sie sind besonders für die Nutzung als eBook auf Tablet-PCs, eBook-Readern und Smartphones geeignet. *essentials* sind Wissensbausteine aus den Wirtschafts-, Sozial- und Geisteswissenschaften, aus Technik und Naturwissenschaften sowie aus Medizin, Psychologie und Gesundheitsberufen. Von renommierten Autor*innen aller Springer-Verlagsmarken.

Thomas Göllinger

Technoökonomie der Energiewende

Ökonomische Grundlagen von
Schlüsseltechnologien der
Energietransformation

 Springer Vieweg

Thomas Göllinger
HTWG Konstanz
Institut für Strategische Innovation und
Transformation (IST)
Konstanz, Deutschland

ISSN 2197-6708 ISSN 2197-6716 (electronic)
essentials
ISBN 978-3-658-38901-7 ISBN 978-3-658-38902-4 (eBook)
https://doi.org/10.1007/978-3-658-38902-4

Die Deutsche Nationalbibliothek verzeichnet diese Publikation in der Deutschen Nationalbiblio-
grafie; detaillierte bibliografische Daten sind im Internet über http://dnb.d-nb.de abrufbar.

Planung: Dr. Daniel Fröhlich
Springer Vieweg ist ein Imprint der eingetragenen Gesellschaft Springer Fachmedien Wiesbaden
GmbH und ist ein Teil von Springer Nature.
Die Anschrift der Gesellschaft ist: Abraham-Lincoln-Str. 46, 65189 Wiesbaden, Germany

Was Sie in diesem *essential* finden können

- Eine formale Herleitung und Erläuterung von statischen und dynamischen Skaleneffekten im Bereich der Energietechnologien;
- Darlegung der Ausprägungen und der verschiedenen Kombinationsmöglichkeiten von Skaleneffekten im Rahmen von Szenarien;
- Anwendung auf verschiedene Größenklassen von Blockheizkraftwerken (BHKW);
- Betrachtung der ökonomischen Situation von Photovoltaik und Windkraft (onshore/offshore) sowie kursorisch von weiteren Technologien (z. B. Wärmepumpen und Stromspeicher).

Inhaltsverzeichnis

Überlegungen im Rahmen der Energiewende bezüglich der zukünftigen Techno-logieplattformen und Infrastrukturen der Energieversorgung müssen als wichtigen ökonomischen Faktor die zukünftig zu erwartenden Kosten dieser Technologien und Infrastrukturen einbeziehen. Hierbei spielen regelmäßig auch Überlegungen bzgl. der jeweils zugrundeliegenden Skaleneffekte eine große Rolle, sowohl in ihrer Variante als statische als auch dynamische Skaleneffekte. Häufig man-gelt es einschlägigen Darstellungen dieser Aspekte jedoch an einer präzisen Unterscheidung der verschiedenen Ausprägungen von Skaleneffekten; dies gilt insbesondere für die konkrete Ausprägung als Größendegressionseffekt einerseits und Lernkurveneffekt andererseits. Daher erfolgt in diesem *essential* eine syste-matische Klärung der entsprechenden Zusammenhänge speziell für Technologien des Energiesektors.

Im historischen Verlauf der Industrialisierung konnten in allen Branchen und Anwendungsfeldern sowie bei nahezu allen Technologien und Produktionsmitteln signifikante Größendegressionseffekte beobachtet werden. Entsprechend wurden diese in einem umfangreichen betriebs- und insbesondere auch volkswirtschaftli-chen Schrifttum thematisiert.[1]

In der modernen Betriebswirtschaftslehre gehen die von Ludwig (1962) und anderen Autoren systematisierten Phänomene im Rahmen von technolo-gischen „Aktivitätsanalysen" in der betriebswirtschaftlichen Produktionstheorie auf und erfahren dadurch zumeist eine beträchtliche Abstraktion. Für Über-legungen und Untersuchungen bzgl. konkreter Anwendungen auf Fragen der strategischen Technologiewahl sind solche abstrakten Darstellungen zu sperrig

---

[1] Grundlegende Überlegungen zu Effekten der Größendegression im Zusammenhang mit Produktionsmitteln finden sich bereits in verschiedenen Publikationen der betriebswirtschaft-lichen Klassiker.

© Der/die Autor(en), exklusiv lizenziert an Springer Fachmedien Wiesbaden GmbH, ein Teil von Springer Nature 2022
T. Göllinger, *Technoökonomie der Energiewende*, essentials,
https://doi.org/10.1007/978-3-658-38902-4_1

und bedürfen daher einer Reformulierung im ursprünglichen Sinne, um konkrete Kostenzusammenhänge hinreichend transparent und konkret funktional darstellen zu können.

Bereits seit den Anfängen der kommunalen Energiewirtschaft und groß-flächigen Versorgung von Verbrauchern mit verschiedenen Endenergien im 19. Jahrhundert gibt es sich gegenseitig befördernde Argumente (z. B. hinsichtlich Größendegressionseffekte und strategischer Orientierung) für die Durchsetzung bestimmter Kraftwerkstechnologien aufgrund ihrer spezifischen Größenordnung. Zugleich lag und liegt eine Konkurrenz der beiden grundverschiedenen Ska-lierungsstrategien vor: Größenskalierung versus Mengenskalierung, mit einer deutlichen Dominanz zugunsten der Größenskalierung während der letzten Jahrzehnte.[2]

Selbst wenn bei einer engeren ökonomischen Betrachtung die beiden Pfade, der großtechnologisch-fossil-nukleare und der Pfad der dezentralen Technologien, als gleichwertig zu beurteilen wären, zeigt sich jedoch bei einer Erweiterung der Betrachtung um externe Kosten bzw. um ökologische Aspekte die Subopti-malität des großtechnologischen Pfades. Die ehemals falsche Pfadwahl bei den Energietechnologien ist heute das Haupthemmnis für den Umstieg auf einen Nachhaltigkeitspfad in der Energiewirtschaft (Energiewende). Noch immer gelten viele der neuen Energietechnologien bei einem statischen Kostenvergleich als zu teuer. Hier liegen typische Phänomene der Pfadabhängigkeit vor (siehe Göllinger 2006, 2012).

Im Kontext der Energiewende und aufgrund der Erfahrung, dass die Stra-tegie der Größenskalierung schon seit längerem an ihre Grenzen gekommen ist (das Argument der Größenskalierung wurde eindeutig überstrapaziert), wird daher seit einigen Jahren eine Forcierung der Mengenskalierung propagiert (Stichwort Dezentralisierung). Doch gibt es auch für diese Strategie Grenzen ihrer Zweck-mäßigkeit, zumindest bzgl. bestimmter Energietechnologien, z. B. solche auf der Basis von Verbrennungskraftmaschinen.

Insbesondere im Rahmen des Ausbaus Erneuerbarer Energien im Stromsek-tor und der Notwendigkeit der Hybridisierung und der Sektorkopplung bzw. Sektorintegration stellt sich die Frage,[3] welche ergänzenden brennstoffbasier-ten Stromerzeugungskontingente und welche Kraft-Wärme-Kopplungs-Strategien zweckmäßig sind. Zur Diskussion dieser Zusammenhänge sind die nachfolgend

---

[2] Als ein wichtiges ökonomisches Argument für Großtechnologien zur Stromerzeugung, wie Kern- und Kohlekraftwerke, wurden die durch Größendegression zu realisierenden Skalener-träge ins Feld geführt.

[3] Siehe zur Hybridisierung und Sektorkopplung z. B. Göllinger et al. (2017).

dargelegten energetischen und ökonomischen Zusammenhänge eine wichtige Grundlage.[4]

---

[4] Vgl. insbesondere auch Göllinger (2017).

Technoökonomische Grundlagen: Statische und dynamische Skaleneffekte

Durch Größensteigerungen und industrielle Massenproduktion können Güter kostengünstiger hergestellt und am Markt angeboten werden. Die hierbei zugrundeliegenden Effekte der Größendegression von Technologien bzw. Produktionsmitteln kommen sowohl in der Variante der zeitpunktbezogenen Größenvariation vor (statischer Skaleneffekt) als auch der intertemporalen Größenvariation (dynamischer Skaleneffekt).

Zu unterscheiden sind somit statische und dynamische Skaleneffekte. Bei dieser Unterscheidung ergibt sich jedoch ein Dilemma bzw. eine gewisse Unschärfe in zweifacher Weise:

1. Es existiert keine allgemeingültige scharfe Unterscheidung zwischen den beiden Varianten von Skaleneffekten. In unterschiedlichen Publikationen gibt es häufig verschiedene Zuordnungen bzw. Abgrenzungen der beiden Effekte.[1]
2. Bei der Beobachtung realer Kosten- bzw. Preisentwicklungen von Technologien kann nur bedingt eine Zuordnung zu den idealtypischen Unterscheidungen der Effekte vorgenommen werden.

Insofern versuchen die folgenden Abschnitte zunächst eine idealtypische Unterscheidung und Darstellung dieser beiden Varianten, um dann auch deren Schwierigkeiten aufzuzeigen. Im Kontext dieses essentials geht es in erster

---

[1] Siehe stellvertretend für viele andere Publikationen z. B. die nicht eindeutig trennscharfe Unterscheidung der beiden Varianten bei Coenenberg et al. (2012, S. 423 ff.).

© Der/die Autor(en), exklusiv lizenziert an Springer Fachmedien Wiesbaden GmbH, ein Teil von Springer Nature 2022
T. Göllinger, *Technoökonomie der Energiewende,* essentials,
https://doi.org/10.1007/978-3-658-38902-4_2

Linie um Skaleneffekte von Energietechnologien und Energieanlagen; daher beziehen sich die folgenden Ausführungen insbesondere auf die spezifischen ökonomischen Gegebenheiten im Bereich der Energieversorgung.

2.1 Statische Skaleneffekte von Energietechnologien

2.1.1 Erscheinungsformen und Ursachen

Aus langjährigen empirischen Beobachtungen der Kostenfunktionen für einzelne Technologien (z. B. Komponenten, Module, Aggregate) und komplette Produktionsanlagen (z. B. Chemieanlagen, Fertigungsstraßen, Kraftwerke) ergibt sich für den Zusammenhang zwischen Aggregat- bzw. Anlagengröße und deren Kosten i. d. R. ein nichtlinearer Zusammenhang in Form einer regressiven Funktion. Hier liegt ein statischer Skaleneffekt vor: eine Steigerung der Größe bzw. Leistungsfähigkeit solcher Produktionsmittel (z. B. Kapazität, Durchsatz, energetische Leistung) führt nur zu einem unterproportionalen Kostenanstieg; somit sinken also die Durchschnittskosten mit zunehmender Größe bzw. Leistungsfähigkeit dieser Produktionsmittel.

Statische Skaleneffekte ergeben sich insbesondere durch Größendegressionseffekte, welche wiederum in zwei grundsätzlich verschiedenen Varianten auftreten:

a) Größendegression in Abhängigkeit von der Größe bzw. Leistung eines Aggregats (aggregatbezogener Größendegressionseffekt).[2] Dies ist die argumentative Grundlage für die Größen-Skalierung von Energietechnologien und Kraftwerken.

Zu a): Bei den Kosten von Energietechnologien kann beobachtet werden, dass die spezifischen Kosten eines Aggregates (spezifische Systemkosten, i. d. R. als Euro pro kW Leistung) mit zunehmender Aggregatgröße sinken (siehe Abb. 2.1). D. h. kleine Aggregate sind relativ teurer als mittlere oder große Aggregate.[3]

b) Größendegression in Abhängigkeit von der Größe bzw. Leistung der Produktionsanlagen für diesen Aggregattyp (Betriebsgröße) und den jeweils hergestellten Mengen (jährliche Mengen, Losgrößen) auf diesen Produktionsanlagen (mengenbezogener Größendegressionseffekt). Auf diesem Argument beruht wiederum die Mengen-Skalierung im Bereich der Energieversorgung.

---

[2] Bei ökonomischen Betrachtungen ist i. d. R. das Aggregat die übliche Bezugsgröße.

[3] Konkrete Beispiele werden in den folgenden Kapiteln behandelt; außerdem sei auf Göllinger et al. (2018) sowie Göllinger und Knauf (2018) verwiesen.

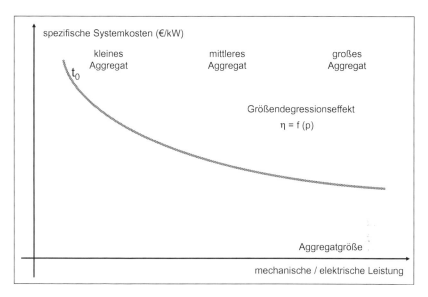

Abb. 2.1   Aggregatbezogener Größendegressionseffekt bei Energietechnologien

Zu b): Neben dem überwiegend auf physikalisch-technischen Gründen (siehe Abschn. 2.1.3) beruhenden aggregatgrößenbezogenen Größendegressionseffekt gibt es auch bei Energietechnologien einen auf ökonomischen Gründen (u. a. Fixkostendegression) basierenden Betriebs- bzw. Fertigungs-/Losgrößeneffekt. Danach sinken die spezifischen Systemkosten mit der jährlich hergestellten Stückzahl eines Aggregattyps (siehe Abb. 2.2).

In der Realität kommt bei Energietechnologien i. d. R. eine Kombination von statischen Skaleneffekten sowohl aufgrund des Aggregatgrößen- als auch des Betriebsgrößeneffektes vor (siehe Abb. 2.3).[4]

---

[4] Diese verschiedenen Effekte und insbesondere auch deren gleichzeitiges Auftreten wurden schon relativ früh in techno-ökonomischen Betrachtungen der Energieerzeugung thematisiert. Zum historischen Hintergrund und einer umfassenderen Systematisierung siehe z. B. Ludwig (1962).

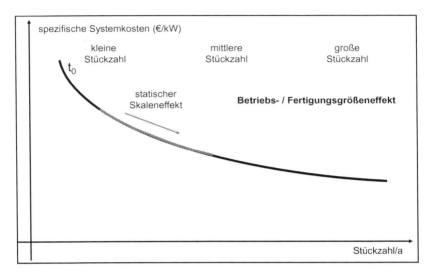

Abb. 2.2 Betriebsgrößenbezogener Größendegressionseffekt bei Energietechnologien

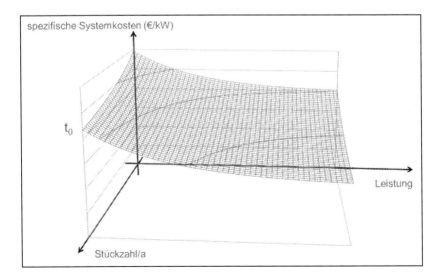

Abb. 2.3 Kombination von Aggregatgrößen- und Betriebsgrößeneffekt

2.1.2 Formale Darstellung des aggregatgrößenbezogenen statischen Skaleneffektes

Absolute Aggregatkosten Für die Abhängigkeit der absoluten Aggregatkosten (C) von der jeweiligen Größe bzw. Leistung (P) dieses Aggregats lässt sich folgender funktionale Zusammenhang angeben:

$$C(P) = C_R * (P/P_R)^D \quad \text{mit } 0{,}6 \leq D \leq 0{,}8 \qquad (2.1)$$

Die Größen haben dabei folgende Bedeutung:

P_R Leistung des Referenzaggregats,
P Leistung des betrachteten (fokalen) Aggregats,
C_R Kosten des Referenzaggregats,
$C(P)$ Kosten des betrachteten Aggregats,
D Degressionskoeffizient der absoluten Aggregatkosten.

Entsprechend diesem funktionalen Zusammenhang liegt also ein Kostendegressionseffekt der absoluten Aggregatkosten vor. Dabei bedeutet ein kleinerer absoluter Degressionskoeffizient einen stärkeren Kostendegressionseffekt und umgekehrt.

Der hier angegebene prinzipielle funktionale Zusammenhang für die absoluten Aggregatkosten findet sich häufig in einschlägigen Darstellungen zur Anlagen-, Energie-, und Kraftwerkswirtschaft, jedoch i. d. R. ohne die Angabe einer originären Quelle, so z. B. in Emig und Klemm (2005, S. 16) oder Strauß (2016). Die Zahlenangaben für die Bandbreite des absoluten Degressionskoeffizienten beruhen auf empirischen Untersuchungen zu zahlreichen Einzeltechnologien und kompletten Produktionsanlagen, historisch z. B. von Williams (1947) oder Kölbel und Schulze (1960). Daraus abgeleitete Praktikerregeln firmieren unter Bezeichnungen wie „Sechs-Zehntel-Regel" oder „Zwei-Drittel-Regel", entsprechend einem absoluten Degressionskoeffizienten von 0,6 bzw. 0,67.

Bei großen Kraftwerken liegen die Degressionskoeffizienten der absoluten Kraftwerkskosten höher als diese Werte und steigen mit zunehmenden Kraftwerksgrößen noch weiter. Speziell für große Kohlekraftwerke ergeben sich z. B. Werte im Bereich von 0,75 bis 0,8 (Strauß 2016, S. 115). Dies bedeutet, dass sich der Größendegressionseffekt mit zunehmender Größe von Aggregaten, Anlagen und Kraftwerken abschwächt.

Spezifische Aggregatkosten Häufig liegen für konkrete Energietechnologien die Kostenangaben als spezifische Kosten (also pro Leistungseinheit, z. B. € pro kW) eines bestimmten Aggregats vor. Analytisch ergeben sich diese spezifischen Kosten $c(P)$ mittels einer Division von Gl. 2.1 durch P:

$$c(P) = C(P)/P = C_R * (P/P_R)^D * P^{-1} = C_R * (P/P_R)^D * P^{-1} * P_R/P_R \quad (2.2)$$

$$\text{mit } (P/P_R)^D * (P_R/P) = (P/P_R)^{D-1} \text{ folgt}: \quad c(P) = C_R/P_R * (P/P_R)^{D-1} \quad (2.3)$$

$$\text{mit } c_R = C_R/P_R \text{ und } d = D - 1 \text{ ergibt sich sodann für die spezifischen}$$
$$\text{Aggregatkosten Gl. 2.5:} \quad (2.4)$$

$$c(P) = c_R * (P/P_R)^d \quad \text{mit } -0,4 \leq d \leq -0,2 \quad (2.5)$$

Die von (Gl. 2.1) abweichenden Größen haben folgende Bedeutung:

c_R spezifische Kosten des Referenzaggregats,
$c(P)$ spezifische Kosten des betrachteten Aggregats,
d Degressionskoeffizient der spezifischen Aggregatkosten.

Die Angabe der Leistung bezieht sich i. d. R. auf die vom Aggregat abgegebene Leistung und nicht auf die Input-Leistung (wie z. B. die Brennstoffwärmeleistung im Falle von Verbrennungs-Aggregaten). Bei Technologien der Kraft-Wärme-Kopplung (KWK), z. B. Heizkraftwerke oder BHKW, bezieht sich die Kostenfunktion i. d. R. auf die jeweilige elektrische Leistung (P_{el}) des Aggregats bzw. der Anlage.

Für konkrete Energietechnologien werden die spezifischen Aggregatkosten häufig in Form einer zugeschnittenen Größengleichung angegeben. Beispiel: $c(P) = 1000 * (P)^{-0,35}$ [in €/kW]. Ausgangspunkt für die spezifischen Aggregatkosten dieser Beispiel-Energietechnologie ist die Angabe der Kosten bei einer Aggregatgröße von 1 kW Leistung, hier also 1000 €. In diesem Fall muss der Zahlenwert für die konkrete Leistung P anderer Aggregatgrößen in der jeweils korrespondierenden Größeneinheit (i. d. R. kW oder MW) eingesetzt werden; in diesem Beispiel also in kW.

2.1.3 Aggregatgrößenabhängiger Wirkungsgrad von Energietechnologien

Speziell für Energietechnologien auf der Basis von Wärme- und Verbrennungs-kraftmaschinen ergeben sich aufgrund der thermodynamischen Zusammenhänge besonders ausgeprägte statische Skaleneffekte in der Variante aggregatsbezoge-ner Größendegressionseffekte. Im Bereich kleiner Aggregate bzw. Leistungen von Wärme- bzw. Verbrennungskraftmaschinen, wie z. B. Verbrennungsmotoren, sinkt der Wirkungsgrad dieser Aggregate überproportional mit abnehmender Aggregat-größe.

Aktuell verfügen innerhalb der Klasse von Kraftwerken auf der Basis von Wärmekraftprozessen GuD-Kraftwerke über die höchsten erreichbaren Wirkungs-grade von ca. 60 %. Im Bereich der sehr großen fossilen (Kohle-)Kraftwerke und der Kernkraftwerke liegen aus verschiedenen Gründen die erreichten Wirkungs-grade deutlich unterhalb dieses Wertes.

Für Wärme- und Verbrennungskraftmaschinen ergibt sich der Wirkungsgrad η aus dem Verhältnis von abgegebener Leistung des Aggregats (P) und zugeführter Brennstoffwärmeleistung P_{Br}.

$$\eta = P/P_{Br} \qquad (2.6)$$

Dieser Wirkungsgrad ist entsprechend den obigen Ausführungen jedoch nicht konstant, sondern von der Aggregatgröße (P_{Br}) abhängig, also gilt:

$$\eta = f(P_{Br}) \text{ und damit auch } P = P_{Br} {}^{*} f(P_{Br}) \qquad (2.7)$$

Implizit lässt sich der aggregatgrößenabhängige Wirkungsgrad über den Zusammen-hang von Brennstoffwärmeleistung und abgegebener Output-Leistung ausdrücken. Zwischen dem Verhältnis der Brennstoffwärmeleistungen unterschiedlich großer Aggregate und dem Verhältnis der von diesen Aggregaten jeweils abgegebenen Output-Leistung wird hierzu folgender Zusammenhang postuliert:

$$P_{Br} = P_{Br, R} {}^{*} (P/P_R)^{\delta} \text{ mit } \delta < 1 \qquad (2.8)$$

Bedeutung der Größen:

$P_{Br,R}$ Brennstoffwärmeleistung des Referenzaggregats,
P_{Br} Brennstoffwärmeleistung des betrachteten Aggregats,
P_R Output-Leistung des Referenzaggregats,

P   Output-Leistung des betrachteten Aggregats,
δ   Degressionskoeffizient des Wirkungsgrades.

Für eine Abnahme des thermischen Wirkungsgrades von Aggregaten auf der Basis von Verbrennungskraftmaschinen gibt es mehrere physikalische Gründe. So spielt insbesondere eine Rolle, dass die mechanischen Reibungsverluste sowie die thermischen Verluste kleiner Aggregate relativ höher sind als bei großen Aggregaten.[5] Darüber hinaus gibt es weitere physikalische Verlusteffekte bei den diversen Komponenten, Bauteilen und Baugruppen eines energietechnischen Aggregats oder einer Anlage, die i. d. R. mit der Aggregatgröße relativ abnehmen.

Verstärkt wird dieser Effekt durch die Bezugnahme der spezifischen Aggregatkosten auf die vom Aggregat abgegebene Leistung. Diese Leistung sinkt bei kleinen Aggregaten aufgrund deren relativ geringeren Wirkungsgrades überproportional. Bei einer Darstellung der spezifischen Aggregatkosten als Funktion der Input-Leistung (z. B. die Brennstoffwärmeleistung) dieser Aggregate ergibt sich somit ein Kostendegressionseffekt, der weit geringer ausgeprägt ist als bei einer Darstellung dieses Effektes als Funktion der Output-Leistung. Abb. 2.4 stellt diese beiden funktionalen Zusammenhänge dar.

Bezogen auf die Inputleistung eines Aggregats steigen also dessen spezifische Herstellungskosten mit geringerer Größe bzw. Inputleistung des Aggregats. Aufgrund des geringeren Wirkungsgrades von kleinen Aggregaten fällt somit deren Output-Leistung überproportional ab. Im Umkehrschluss muss ein Aggregat mit wirkungsgradbedingt geringerem Output für die gleiche Output-Leistung einen relativ höheren Input aufweisen. Konkret bedeutet dies z. B., dass ein Vergleichsaggregat mit der doppelten Outputleistung des Referenzaggregats hierfür weniger als die doppelte Inputleistung (Brennstoffwärmeleistung) benötigt und daher auch nicht doppelt so „groß" ist. Insgesamt führen diese Effekte somit zu höheren outputspezifischen Kosten von kleineren Aggregaten.

---

[5] Diese Verluste resultieren wiederum aus dem ungünstigen Verhältnis von Oberfläche zu Volumen (A/V-Verhältnis) kleiner Aggregate. Das A/V-Verhältnis ist der Quotient aus der Oberfläche A und dem Volumen V eines geometrischen Körpers; das A/V-Verhältnis fällt hyperbelförmig mit steigendem Volumen. Dies bedeutet, dass kleinere (leistungsschwächere) Aggregate ein ungünstigeres A/V-Verhältnis aufweisen als größere (leistungsstärkere) Aggregate. Daraus resultiert wiederum ein höherer spezifischer Wärme- und damit Effizienzverlust von kleineren Aggregaten. Dieser Zusammenhang wird z. B. auch für Lebewesen durch die Bergmannsche Regel bestätigt.

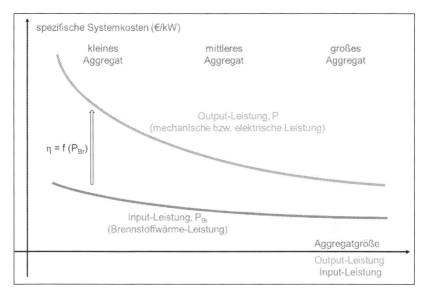

Abb. 2.4 Input- u. outputbezogene spezifische Systemkosten

2.2 Dynamische Skaleneffekte

Aus empirischen Untersuchungen über die Preis- und Mengenentwicklung einer Reihe industriell hergestellter Güter, die von der amerikanischen Unternehmensberatung Boston-Consulting-Group (BCG) in den 1960er und 1970er Jahren durchgeführt wurden, ist das Konzept der Lern- bzw. Erfahrungskurve abgeleitet. Diese empirischen Untersuchungen ergaben, dass die Stückkosten eines bestimmten Produktes mit jeder Verdoppelung der insgesamt hergestellten Menge dieses Produktes (kumulierte Produktionsmenge) um einen bestimmten Prozentsatz fallen.[6]

Erklärt wird dieser dynamische Effekt durch einen Wissens- und Erfahrungs-Zuwachs, also Lerneffekte, mit steigender Produktion, wodurch sich verschiedene

---

[6] Die akademische Betriebswirtschaftslehre hat sich dem Erfahrungskurvenkonzept erst nach seiner erfolgreichen Propagierung und Anwendung in der Unternehmenspraxis durch Beratungsunternehmen stärker zugewandt. Während die angesprochenen Phänomene anfangs noch unter dem Begriff der Lernkurve bzw. der Lernkurventheorie subsumiert wurden, erfolgte später eine Differenzierung bzw. Erweiterung in die beiden verwandten Ansätze Lernkurve und Erfahrungskurve. Zum Erfahrungskurvenkonzept in der BWL siehe z. B. Göllinger (2012, S. 296 ff.).

Möglichkeiten zur Kostensenkung ergeben. Insbesondere im Bereich der elektro-
nischen Halbleiterbauelemente, z. B. Mikroprozessoren und Speicherbausteine, ist
dieser Preisverfall auch aktuell noch gut zu beobachten.[7] Die Kernaussage lautet:
„Mit jeder Verdoppelung der kumulierten Produktionsmenge sinken die auf die
Wertschöpfung bezogenen, inflationsbereinigten (realen) Stückkosten potenziell
um einen konstanten Prozentsatz, z. B. 20–30 %."[8]

Die modellhafte Beschreibung des „Lerngesetzes der Produktion" erfolgt
i. d. R. durch folgende Potenzbeziehung:

$$y = a^* x^{-b} \qquad (2.9)$$

Dieses allgemeine Potenzgesetz lässt sich spezifizieren indem eine definierte
Kostengröße betrachtet wird, z. B. die direkten Fertigungskosten oder auch
die gesamten Stückkosten. Dann lautet die entsprechende Formulierung des
Lerngesetzes der Produktion:

$$c(x) = c_x = c_0^* (x/x_0)^{-\gamma} \quad \text{mit } 0 \le \gamma \le 1 \qquad (2.10)$$

Die Größen haben dabei folgende Bedeutung:

x_0 Anzahl der hergestellten Produkte in der Nullserie bzw. der kumulierten
       Menge am Anfang des Untersuchungsintervalls,
x kumulierte Menge des Produktes bzw. Vielfache der Anfangsmenge x_0,
c_0 Stückkosten des Produktes bei der Nullserie bzw. bei der Menge x_0,
c_x Stückkosten des Produktes bei der kumulierten Menge x,
γ spezifischer Degressionsfaktor.

Im Falle einer Nullseriengröße von 1 oder im Falle, dass x einem Vielfachen
der kumulierten Menge x_0 am Anfang des Untersuchungsintervalls entspricht,
vereinfacht sich der Zusammenhang zu:

$$c_x = c_0^* x^{-\gamma} \qquad (2.11)$$

Dabei erfolgt die Bestimmung der Parameter c_0 und γ aus der Auswertung des
zugrundeliegenden empirischen Datenmaterials mittels mathematisch-statistischer
Methoden.

---

[7] Eine kompakte Einführung in das Konzept der Erfahrungskurve sowie deren Anwendung
als Instrument der Kostenkalkulation findet sich bei Coenenberg et al. (2012, S. 423 ff.).
[8] Henderson (1984, S. 19).

Tab. 2.1 Übersicht über die Lerngrade von Energietechnologien

Technologie	Lerngrad (%)	Quelle
Photovoltaik	14–20	(Haysom et al. 2015; AGFW 2008)
Wind Onshore	15–19	(Junginger et al. 2004)
Wind Offshore	15–19	(Junginger et al. 2004)
Solarthermie	12–23	(Sanner et al. 2013; AGFW 2008)
Lithium Batterie	15–31	(Kittner et al. 2017)
Biomasse	7–15	(Junginger et al. 2006; AGFW 2008)
Geothermie	8–30	(EIA 2014; AGFW 2008)
Mini BZ-BHKW	16	(Staffell und Green 2013)

Empirische Lernkoeffizienten der Lern-Erfahrungskurve

Manche Untersuchungen gehen davon aus, dass der Degressions- bzw. Lernkoeffizient über die Zeit, unabhängig vom Reifegrad, konstant bleibt; andere Untersuchungen nehmen für unterschiedliche Reifegrade jeweils spezifische Degressionskoeffizienten an.[9]

Die Gründe für abweichende Darstellungen liegen teilweise in einer unscharfen Unterscheidung zwischen Lernkurven und Erfahrungskurven. Der Begriff Lernkurve bezieht sich auf die direkten Fertigungskosten eines Produktes, während die Erfahrungskurve noch weitere Kostenkomponenten des gesamten Herstellungsprozesses in die Betrachtungen einbezieht.[10] In der Praxis werden die Begriffe jedoch eher selten differenziert, sondern weitgehend synonym verwendet. Daher sprechen wir i. d. R. von der Lern-Erfahrungskurve.[11] In der Literatur sind empirische Werte für den Lerngrad von verschiedenen Energietechnologien zu finden (siehe Tab. 2.1 sowie Rubin et al. 2015).

---

[9] Für Energietechnologien vgl. hierzu z. B. AGFW (2008, S. 62 ff.).

[10] Lerneffekte durch Forschung und Entwicklung, Verbundeffekte und andere komplementäre und kostensenkende Effekte können dafür sorgen, dass die prozentuale Kostensenkung eines bestimmten Gutes nicht konstant bleibt.

[11] Näheres hierzu siehe Göllinger (2012, S. 296 ff.) und Göllinger (2004). Formal lassen sich Lerneffekte durch die beiden Größen Lernrate f und Lerngrad f' charakterisieren. Der Lerngrad beschreibt den prozentualen Wert, um den die Faktoreinsatz- bzw. Kostengröße bei einer Verdoppelung der kumulierten Produktion sinkt. Die Lernrate wiederum entspricht dem Prozentsatz an Faktoreinsatz, welcher bei einer Verdoppelung verbleibt. Zwischen Lernrate und Lerngrad besteht daher folgender Zusammenhang: f = 1 – f'. Die Lernrate nimmt Werte zwischen 0 und 1 an, wobei diese in der industriellen Fertigung meist zwischen 0,65 und 0,95 liegen.

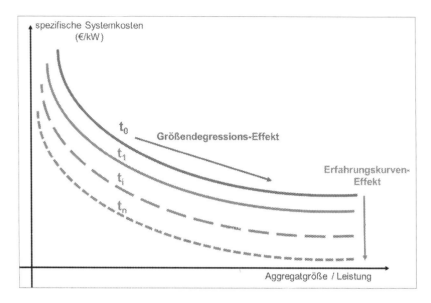

Abb. 2.5 Unterscheidung von statischen und dynamischen Skaleneffekten

Zusammenwirken von statischen und dynamischen Skaleneffekten
Spezifische Systemkosten für Energie-Technologien sinken somit durch statische und dynamische Skaleneffekte. Letztere stellen ein weiteres Argument für die Mengen-Skalierung dar. Beide Effekte sind in entsprechende Darstellungen zu unterscheiden. In einer grafischen Darstellung können z. B. die statischen Kostenkurven für verschiedene Zeitpunkte in ein Diagramm eingezeichnet werden (siehe Abb. 2.5).

Durch eine intertemporale Beobachtung der Kosten bzw. Preise von Energietechnologien ist eine Unterscheidung in statische Skaleneffekte aufgrund des Betriebsgrößeneffektes oder der Aggregatgröße (Bewegung *auf der* Kostenkurve) einerseits und dynamische Skaleneffekte (Bewegung *der* Kostenkurve) nur idealtypisch möglich; i. d. R. liegt eine Kombination beider Effekte vor (Abb. 2.6).[12]

---

[12] Zu beachten ist außerdem, dass i. d. R. Marktpreise von Produkten beobachtet werden und nicht die tatsächlichen Selbstkosten der Produzenten. Mittel- u. langfristig sollten zwar (gewinnbereinigte) Selbstkosten und Preise weitgehend übereinstimmen, kurzfristig kann es jedoch aufgrund der jeweiligen Marktverhältnisse zu einer mehr oder weniger großen Abweichung zwischen Produktkosten und Marktpreisen kommen.

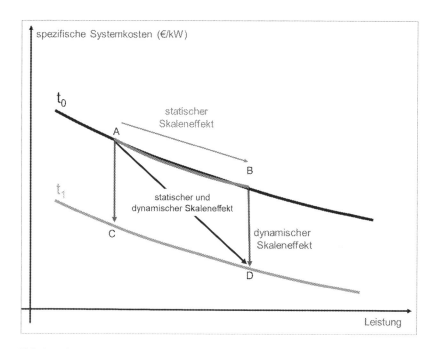

Abb. 2.6 Kombination von statischen und dynamischen Skaleneffekten

In diesem Beispiel beruht die Senkung der spezifischen Systemkosten von A nach D auf der Kombination aus einer Erhöhung der Aggregatgröße bzw. der Leistung (A nach B bzw. C nach D) und zugleich einer höheren Erfahrung aufgrund des späteren Produktionsjahres (A nach C bzw. B nach D).

2.3 Szenario-Analyse bzgl. der Kostenentwicklung von Energietechnologien

Für strategische Szenarien bzgl. der jeweiligen Technologie- und Infrastrukturplattform von Energiesystemen spielen die zukünftigen Kostenentwicklungen dieser Technologieoptionen eine bedeutende Rolle. Insbesondere bei der Abschätzung der zukünftigen dynamischen Skaleneffekte ist jedoch häufig unklar, wie sich die jeweiligen Lernraten der betrachteten Technologien in der Zukunft entwickeln.

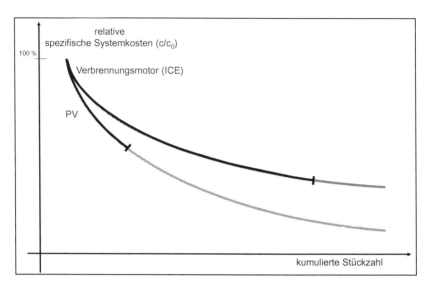

Abb. 2.7 Vergleich von dynamischen Skaleneffekten bei Energietechnologien mit unterschiedlichem Reifegrad

Für einen Vergleich der dynamischen Skaleneffekte von Energietechnologien mit unterschiedlichem Reifegrad sind solche Überlegungen besonders erforderlich. So gibt es z. B. sehr verschiedene Grade des Erreichens von Kostensenkungen aufgrund von Lern-Erfahrungseffekten bei einem Vergleich von klassischem Verbrennungsmotor (ICE) einerseits und der Photovoltaik (PV) andererseits (siehe Abb. 2.7).

Mit solchen Unsicherheiten bietet es sich an, von einer gewissen Bandbreite bzgl. der zukünftigen Entwicklung der jeweiligen Lernraten und damit auch der spezifischen Systemkosten der betrachteten Technologieoptionen auszugehen. Die jeweiligen Annahmen bzgl. der fraglichen Parameter liegen dann jeweils innerhalb eines Korridors, der von den technologiespezifischen Annahmen bzgl. einer optimistischen Entwicklung einerseits (best case) sowie einer pessimistischen Entwicklung andererseits (worst case) begrenzt wird.

In Abb. 2.8 ist dieser Sachverhalt am Beispiel des klassischen Verbrennungsmotors (VM/ICE) grafisch dargestellt. Ausgehend von den aktuellen spezifischen Kosten für ein Aggregat einer bestimmten Größe sinken die spezifischen Systemkosten im Bereich zwischen optimistischer (untere bzw. grüne Kurve) und pessimistischer Annahme (obere bzw. rote Kurve); wobei im optimistischen Fall der

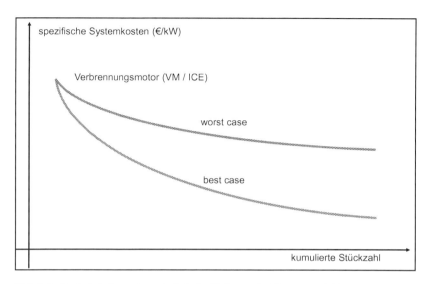

Abb. 2.8 Optimistische und pessimistische Varianten der Kostenentwicklung von Verbrennungsmotoren (dynamischer Skaleneffekt)

Lerngrad und damit auch der Erfahrungskurveneffekt (resp. die Kostensenkung) höher ausfallen als im pessimistischen Fall.[13]

Auch für statische Skaleneffekte lässt sich jeweils zwischen optimistischen und pessimistischen Annahmen unterscheiden: Bei der optimistischen Variante kann durch technologischen Fortschritt der energetische Wirkungsgrad von Verbrennungsmotoren auch für kleinere Aggregate stärker verbessert werden als im pessimistischen Fall (vgl. Abb. 2.9)

Optimistischer und pessimistischer Fall bzgl. der Entwicklung des Wirkungsgrades wirken sich jeweils wie in Abb. 2.10 dargestellt auf die spezifischen Systemkosten für Energie-Technologien aus. Im pessimistischen Fall ergibt sich eine größere Differenz der spezifischen Systemkosten zwischen großen und kleinen Aggregaten als im optimistischen Fall.

Der Unterschied zwischen kleinen und großen Aggregaten ist im optimistischen Fall zwar auch vorhanden, er ist allerdings signifikant geringer. Mit steigender Aggregatgröße egalisiert sich somit der Unterschied zwischen optimistischem und pessimistischem Fall. Dieser Sachverhalt gilt aufgrund der obigen

---

[13] Die Kurven gelten jeweils für eine bestimmte (konstante) Aggregatgröße.

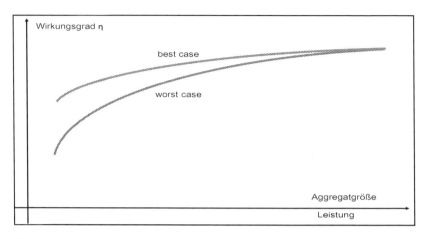

Abb. 2.9 Optimistische und pessimistische Varianten des Wirkungsgradverlaufs von Verbrennungsmotoren (statischer Skaleneffekt)

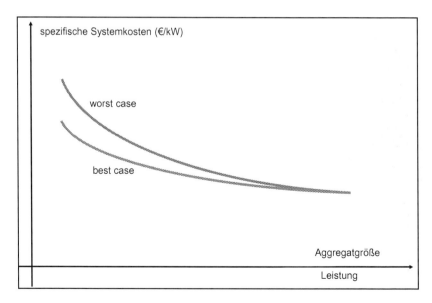

Abb. 2.10 Optimistische und pessimistische Varianten der Kostenentwicklung von Verbrennungsmotoren (statischer Skaleneffekt)

Ausführungen bzgl. der energetischen Zusammenhänge besonders ausgeprägt für Wärme- bzw. Verbrennungskraftmaschinen (z. B. Verbrennungsmotoren) und nur in geringerem Maße für andere Energietechnologien (z. B. Photovoltaik). Zusammenfassend ist in Abb. 2.11 eine Fallunterscheidung für optimistische und pessimistische Annahmen, sowohl für statische als auch für dynamische Skaleneffekte, dargestellt. Durch diese Fälle ergeben sich insgesamt vier prinzipiell mögliche Entwicklungen der spezifischen Systemkosten von Energie-Technologien.

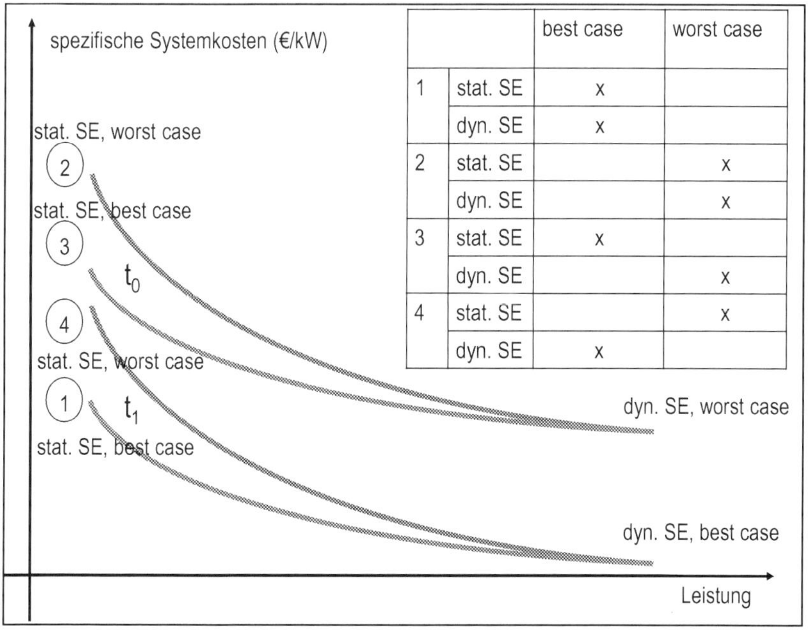

			best case	worst case
1	stat. SE		x	
	dyn. SE		x	
2	stat. SE			x
	dyn. SE			x
3	stat. SE		x	
	dyn. SE			x
4	stat. SE			x
	dyn. SE		x	

Abb. 2.11 Optimistische und pessimistische Annahmen für statische und dynamische Skaleneffekte

3.1 Technoökonomische Grundlagen der dezentralen KWK

3.1.1 Basistechnologien und größenabhängige Charakteristik

Für die dezentralen Varianten der Kraft-Wärme-Kopplung (KWK) kommen verschiedene Basistechnologien zur Anwendung. Neben KWK-Technologien auf der Basis von Verbrennungsmotoren werden auch Aggregate auf Turbinen- und Brennstoffzellen-Basis angeboten. Brennstoffzellen zählen zwar seit Jahrzehnten zu den *Hoffnungs-Technologien* der Energiewende, welchen allgemein ein hohes Potenzial zugeschrieben wird, die aber aufgrund einiger Probleme in der konkreten Implementierung bisher noch keine größere Verbreitung gefunden haben.

Zu den Verbrennungsmotoren gehören Stirling-, Otto- und Dieselmotoren. Stirling-Motoren werden bisher nur in sehr kleinen KWK-Aggregaten genutzt; der Einsatz beschränkt sich hauptsächlich auf Einfamilienhäuser. Kleine Otto- und Dieselmotoren können ebenfalls Anwendung in Einfamilienhäusern finden. Diese Motoren werden zudem in Größen bis zur Versorgung von großen Quartieren über Wärmenetzte angeboten. KWK-Technologien bis wenige Megawatt elektrischer Leistung fallen üblicherweise unter den Begriff Bockheizkraftwerke (BHKW). Sie werden meist am Ort des Wärmeverbrauchs aufgestellt oder in Kombination mit einem Wärmenetz eingesetzt. Sie sind somit der dezentralen und gemischt zentralen-dezentralen Versorgung zuzuordnen.

Für BHKW im niedrigen Leistungsbereich hat sich eine auf die elektrische Leistung bezogene Größendifferenzierung herauskristallisiert, die sich mehr oder

23
T. Göllinger, *Technoökonomie der Energiewende*, essentials,
https://doi.org/10.1007/978-3-658-38902-4_3

weniger an einer Ordinalskala orientiert. Allerdings sind die in der Literatur zuge-ordneten Leistungsspannen nicht einheitlich; als Beispiel sei hier auf die von Schubert et al. (2014) benutze Klassifizierung verwiesen:[1]

- Nano-BHKW: <2,5 kW$_{el}$ (Ein- bis etwa Dreifamilienhäuser)
- Mikro-BHKW: 2,5–20 kW$_{el}$ (Mehrfamilienhäuser und kleinere Gewerbebe-triebe)
- Mini-BHKW: 20–50 kW$_{el}$ (größere Immobilien und kleine Nahwärmenetze)
- BHKW: >50 kW$_{el}$

Die hier aufgeführten Technologien weisen aufgrund ihrer bauartbedingten und größenabhängigen Charakteristiken unterschiedliche techno-ökonomische Eigenschaften auf, welche sich insbesondere in einem breiten Leistungs- und Wirkungsgrad-Spektrum äußern.

Am Beispiel von Verbrennungsmotoren unterschiedlicher Leistungsklassen lässt sich die Problematik des statischen Skaleneffektes konkret aufzeigen. Aufgrund der in Abschn. 2.1 beschriebenen Zusammenhänge ergibt sich für Verbrennungsmotor-BHKW unterschiedlicher Leistungsklassen prinzipiell der in Abb. 3.1 dargestellte elektrische Wirkungsgradverlauf.

Sterling-BHKW-Technologien verfügen nur über einen elektrischen Wirkungs-grad von etwa 10–15 %; Brennstoffzellen-BHKW erreichen bis zu 60 % und konventionelle Verbrennungsmotoren maximal etwa 50 %. Größenabhängige Effekte sind bei Brennstoffzellen deutlich geringer ausgeprägt; deren Wirkungs-grad hängt stärker von der benutzen Brennstoffzellentechnologie ab. Eine Über-sicht über wichtige Kennzahlen verschiedener dezentraler KWK-Technologien liefert Tab. 3.1.

Aufgrund der geringen Strom- und damit auch Exergieeffizienz kleiner BHKW relativiert sich der vergleichsweise hohe Gesamtnutzungsgrad dieser Technolo-gien, denn dieser resultiert unmittelbar aus dem hohen Nutzwärmeanteil; insofern steht bei diesen Aggregaten die Wärmeerzeugung im Vordergrund. Insbesondere im direkten Vergleich zur Stromerzeugung in GuD-Kraftwerken und der Wärme-erzeugung mittels Strom-Wärmepumpen offenbart sich der Effizienznachteil der kleinen BHKW-Varianten.[2]

---

[1] Eine Unterscheidung von BHKW mittels Dezimalpräfixen ist ungünstig, denn dies sugge-riert, dass sich die Einteilung der Größenklassen jeweils um entsprechende Zehnerpotenzen unterscheiden. Dies ist im vorliegenden Beispiel jedoch nicht der Fall. Insofern ist diese Klassifizierung kritisch zu sehen; insbesondere eine Benennung der kleinsten Aggregatklasse als „Nano-BHKW" erscheint obsolet.

[2] Vgl. hierzu ausführlich Göllinger (2012, S. 414 ff.).

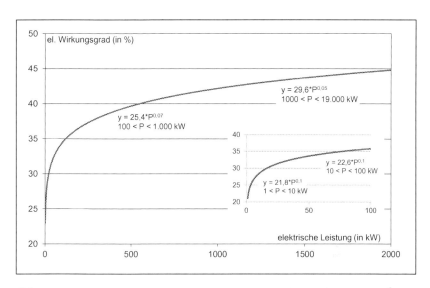

Abb. 3.1 Wirkungsgrade von KWK-Aggregaten unterschiedlicher Leistungsklassen[3]

Tab. 3.1 Kenngrößen ausgewählter KWK-Technologien[4]

	P_{el} (in kW)	P_{th} (in kW)	Stromkennzahl	Elektrischer Wirkungsgrad (%)
Stirling-Motor	1–1,6	5,5–15,9	0,1–0,2	10–16
Otto-Motor	1–18.300	2,5–16.000	0,2–1,2	19–49
Diesel-Motor	2–16.600	5,8–14.500	0,3–1,2	23–52
Polymerelektrolyt-Brennstoffzelle (PEM)	0,3–5,0	0,7–7,5	0,4–0,7	30–40
Festoxid-Brennstoffzelle (SOFC)	0,7–2,5	0,5–2,0	0,5–1,25	30–60

---

[3] Eigene Abbildung mit Werten aus ASUE 2014. Die Werte umfassen Anlagen verschiedener Basistechnologien wie z. B. Otto- und Dieselmotoren. Vgl. auch Göllinger und Knauf (2018).

[4] Daten aus Kircher und Schmidt (2018) und ASUE 2014. Berücksichtigt sind nur Erdgas-BHKW.

In den folgenden Abschnitten werden empirische Daten aus der Literatur hinsichtlich der Kostensituation von BHKW aufgezeigt. Für die Energiewende sind insbesondere gasbetriebenen BHKW von Interesse,[5] weshalb sich die folgende Übersicht nur auf diese Aggregate bezieht. Die Marktsituation von Blockheizkraftwerken wird seit ca. 20 Jahren über die Arbeitsgemeinschaft für sparsamen und umweltfreundlichen Energieverbrauch (ASUE) dokumentiert (vgl. ASUE 2001, 2005, 2011, 2014).[6] Weitere Daten wurden u. a. von Maurer (1999), BMVBS (2012), Buller (2012) und Buller et al. (2014) veröffentlicht. Im Folgenden werden die Daten aus den verschiedenen Marktanalysen vor dem Hintergrund der statischen und dynamischen Skaleneffekte zusammengeführt.

3.1.2 Übersicht bzgl. empirischer Daten zu Skaleneffekten von BHKW

Statische Skaleneffekte von BHKW

Statische Skaleneffekte ergeben sich für Energietechnologien aufgrund der oben dargelegten Zusammenhänge. Im Folgenden soll auf die aggregatsbezogenen Größendegressionseffekte eingegangen werden, welche für Energietechnologien im Allgemeinen und für Wärme- bzw. Verbrennungskraftmaschinen im Speziellen zu beobachten sind.

Von der ASUE wurden jeweils auch Erhebungen zu den Kennwerten von BHKW durchgeführt, u. a. zu den elektrischen Wirkungsgraden. Realwerte dieser Wirkungsgrad-Erhebungen sind für sehr kleine bis große Aggregate Abb. 3.2 zu entnehmen.

Es ist zu erkennen, dass für alle erfassten Zeiträume der jeweilige Wirkungsgrad der Module mit steigender Modulgröße zunimmt. Ebenso ist zu beobachten, dass die Wirkungsgrade von BHKW über die unterschiedlichen Leistungsklassen hinweg im Laufe der Jahre leicht zugenommen haben.

Dies deutet auf diverse technologische Fortschritte bei der Entwicklung und der Produktion von Verbrennungsmotoren hin. Zumindest für die größeren Leistungsklassen (>500 kW) stimmen die empirischen Werte mit der allgemeinen Vermutung überein: neuere Aggregate erreichen tendenziell eine höhere Effizienz als Aggregate früherer Jahre. Jedoch ist besonders bei den sehr kleinen Aggregaten (<20 kW) nach

---

[5] BHKW können u. a. durch Erdgas, Biogas, Flüssiggas, Heizöl oder andere fossile und synthetische Brennstoffe betrieben werden.

[6] Neuere Auswertungen liegen bisher nicht vor. Eine Aktualisierung sollte von einer anderen Institution durchgeführt werden; es kam jedoch nie zu einer Veröffentlichung entsprechender Daten. Entsprechende Auskünfte deuten darauf hin, dass weitere Marktanalysen für die Jahre 2021 ff. vorgesehen sind.

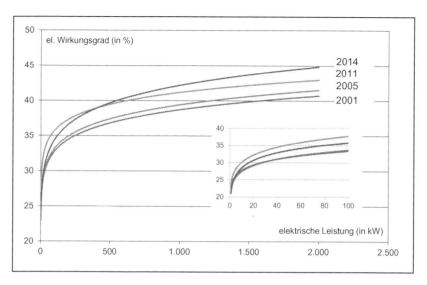

Abb. 3.2 Abhängigkeit des elektrischen Wirkungsgrades von der BHKW-Größe[7]

wie vor eine deutliche Verminderung der Effizienz zu verzeichnen. Damit wird eher die pessimistische als die optimistische Sicht auf die Effizienz-Problematik bestätigt (siehe Abschn. 2.3).

Die in der einschlägigen Literatur zu findenden spezifischen Aggregatkosten von BHKW auf Basis von Richtpreiserhebungen sind in Abb. 3.3 und 3.4 dargestellt.[8]

Auch diese Werte bestätigen die obigen Ausführungen zu den statischen Skaleneffekten.

Dynamische Skaleneffekte von BHKW
Nach dem Prinzip der Lernerfahrungskurven nehmen die Herstellungskosten und damit i. d. R. auch die Preise von Technologien mit einer Zunahme der kumulierten Produktion ab. Es ist daher zu erwarten, dass die Richtpreise der BHKW im Laufe der Zeit moderat sinken, zumindest solange noch nennenswerte Lernerfahrungen erzielt werden können. Die in Abb. 3.3 und 3.5 dargestellten Preiskurven stützen im

---

[7] Legende: Autor bzw. Institution: Aggregatzahl (Leistungsspektrum) ASUE 2001: 221 (4,7–8380 kW$_{el}$); ASUE 2005: 122 (4,0–6790 kW$_{el}$); ASUE 2011: 376 (0,3–18.320 kW$_{el}$) ASUE 2014: 476 (1,0–18.320 kW$_{el}$).

[8] Die Preise sind jeweils inflationsbereinigt (Basisjahr 2010).

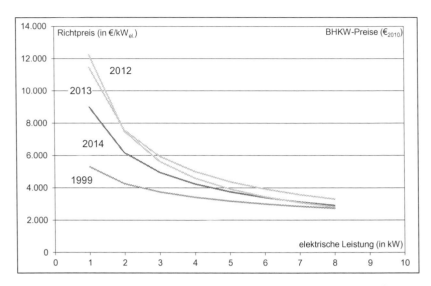

Abb. 3.3 Richtpreisvergleich für Erdgas-BHKW-Anlagen zwischen 1 und 8 kW_el[9]

Wesentlichen diese Vermutung. Insbesondere die Daten für 1999, 2001, 2012 und 2014 bestätigen den Trend im Bereich von 10 bis 500 kW$_{el}$. Abweichungen vom idealtypischen Verlauf sind teilweise für die Werte von 2005 und 2011 sowie für andere Jahre im unteren Leistungsspektrum vorhanden. Allerdings ist zu konstatieren, dass sich die Preissenkungen insgesamt in einem engen Rahmen bewegen; daher ist bei BHKW eher von kleinen Lerngraden auszugehen.[10]

---

[9] Legende: Autor bzw. Institution: Aggregatzahl (Leistungsspektrum) Maurer (1999), Buller (2012: 15) (1,0–8,0 kW$_{el}$); Buller et al. (2014: 80) (1,0–2000 kW$_{el}$) und ASUE (2014: 295) (1,0–18.320 kW$_{el}$).

[10] Die obigen Darstellungen basieren auf der Auswertung und Interpretation von Angaben aus der Literatur. Größtenteils wurden die Daten ursprünglich für eine andere Anwendung erhoben und hier in einem neuen Kontext betrachtet. Bzgl. der Repräsentativität der Erhebungen und der Validität der Preisdaten können hier keine Angaben gemacht werden, die Originalquellen enthalten hierzu keine Hinweise. Insofern dienen diese Daten lediglich als prinzipieller Beleg für die Existenz der oben postulierten Phänomene und Zusammenhänge bzgl. der diversen Skaleneffekte von Energietechnologien. Für valide Aussagen auf der Grundlage qualifizierter Erhebungsmethoden und daraus ermittelter Parameter bedarf es entsprechend umfassender Primärerhebungen unter den Marktanbietern.

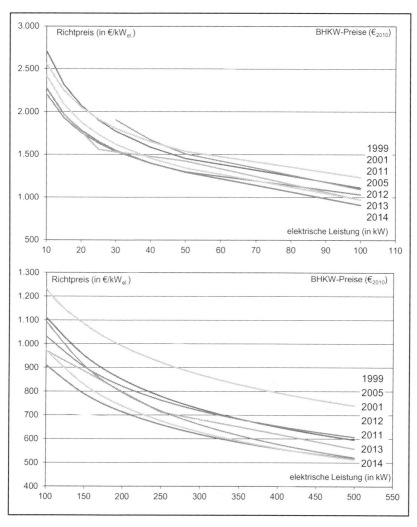

Abb. 3.4 Richtpreisvergleich für Erdgas-BHKW-Anlagen von 10 bis 500 kW_{el}[11]

[11] Legende: Autor bzw. Institution: Aggregatzahl (Leistungsspektrum) ASUE (2001: 207) (4,7–1950 kW_{el}); ASUE (2005: 127) (4,0–1950 kW_{el}); ASUE (2011: 87) (30–2200 kW_{el}); ASUE (2014: 295) (1,0–18.320 kW_{el}); BMVBS (2012) und Buller et al. (2014: 80) Aggregate (1,0–2000 kW_{el}).

Aus der Auswertung der Wirkungsgrade und Richtpreise kann geschlossen werden, dass einerseits der Wirkungsgrad gesteigert und andererseits die Herstellungskosten gesenkt werden konnten. Offen bleibt, welcher Anteil der Kostensenkung auf steigende Wirkungsgrade und welcher Anteil auf andere Effekte zurückzuführen ist. Abweichungen vom erwarteten idealtypischen Verlauf sind für Werte der Jahre 2005 und 2011 beobachtbar. Zur Erklärung dieser Abweichungen bieten sich zwei Optionen an:

1. Die erhobenen Werte beziehen sich auf Marktpreise und nicht Herstellungskosten. Zumindest teilweise könnten kurzfristige marktbasierte Einflussfaktoren für den Anstieg der BHKW-Preise in dieser Leistungsklasse verantwortlich sein.
2. Die spezifischen Kosten der Aggregate beziehen sich auf die elektrische Leistung. Ein höherer Wirkungsgrad kann bei gleichbleibenden Modulpreisen demnach zu niedrigeren spezifischen Kosten führen.

3.2 Skaleneffekte bei unterschiedlichen Qualitäts-Varianten von Energietechnologien

Komponenten, Baugruppen und komplette Aggregate verschiedener Energietechnologien können zu unterschiedlichen Anwendungszwecken eingesetzt werden, die jeweils spezifische Anforderungen für diese Technologien mit sich bringen. Beispielsweise stellen Verbrennungsmotoren seit über 100 Jahren die zentralen Antriebsaggregate in Automobilen (PKW und LKW) dar und werden dementsprechend in Großserien produziert. Ihre kumulierte Stückzahl ist durch die weite Verbreitung und den bereits sehr lange währenden Produktlebenszyklus dieser Technologie entsprechend groß.[12] Hierdurch konnten bei solchen Fahrzeug- bzw. Traktions-Verbrennungsmotoren bereits beträchtliche dynamische Skaleneffekte realisiert werden.

Auch in KWK-Anlagen der unterschiedlichen Leistungsklassen kommen entsprechende Verbrennungsmotoren zum Einsatz. Für größere KWK-Anlagen werden i. d. R. leistungsstarke und langlebige Schiffs- oder LKW-Dieselmotoren eingesetzt, die häufig durchaus der Serienproduktion entsprechen. Im Bereich

---

[12] Weitgehend handelt es sich dabei im Zeitverlauf mit den technologischen Fortschritten im Verbrennungsmotorenbau um immer wieder neue Technologievarianten und damit auch Technologiegenerationen; dennoch kann man bei dieser Technologieklasse generell von langen „Erfahrungszeiten" und großen „Erfahrungsvolumina" ausgehen.

der kleineren Leistungsklassen, insbesondere bei den verschiedenen BHKW-Varianten, sind hingegen eher Motoren gefragt, die in der Leistungsklasse von PKW-Motoren und darunter liegen.[13]

Speziell für diese kleineren Leistungsklassen gibt es bzgl. der Qualitätsanforderungen an die Motorentechnologie wesentliche Unterschiede zwischen den beiden Einsatzzwecken (Traktion einerseits, Stromerzeugung andererseits). Während ein durchschnittliches Automobil (PKW) nur auf eine relativ kurze Laufzeit von ca. 500 h pro Jahr kommt, beträgt die Laufzeit von BHKW eher 2000–8000 h pro Jahr. BHKW-Verbrennungsmotoren müssen daher auf diese hohen Laufzeiten ausgelegt werden.

Einerseits kann hierbei zwar auf die jahrzehntelange Erfahrung beim Bau von Verbrennungsmotoren zurückgegriffen werden, andererseits ist aufgrund der laufzeitbedingt höheren Anforderungen jedoch ein Qualitäts-Upgrade der Motoren für den Einsatz in BHKW notwendig. Durch die bereits gesammelten Erfahrungen ergeben sich niedrigere spezifische Kosten, als wenn der Verbrennungsmotor für BHKW erst neu entwickelt werden müsste. Andererseits bringt das erforderliche Qualitäts-Upgrade höhere spezifische Kosten durch die Verwendung hochwertigerer Komponenten und evtl. aufwendigere Produktionsverfahren mit sich. Teils kommen auch herkömmliche Automotoren zum Einsatz, die zwecks schonender Betriebsweise (Lebensdauerverlängerung) in ihrer Drehzahl und damit Leistung weit unterhalb ihres Maximums betrieben werden.

Zunächst wird das Qualitäts-Upgrade somit zu einem signifikanten Anstieg der spezifischen Kosten von BHKW-Aggregaten führen. Die Lernkurve dieser Technologie-Variante (BHKW-VM) erfährt eine Verschiebung nach oben (siehe Abb. 3.5).

Aufgrund dieser Zusammenhänge können Verbrennungsmotoren für BHKW im Kleinleistungsbereich nur zu höheren Kosten angeboten werden als Traktions-VM gleicher Leistung. Bzgl. zukünftiger Entwicklungen der entsprechenden Kostenparameter dieser Technologie (insbesondere der Lerngrad) sei wiederum auf die verschiedenen Szenarien zwischen Worst- u. Best-Case verwiesen.

Exkurs: Potenzielle zusätzliche Kostensenkungen in der E-Mobility

Aus diesen Zusammenhängen lassen sich folgende Überlegungen zur Kostensituation der E-Mobility ableiten: Aus Symmetriegründen ist es wahrscheinlich, dass es ähnliche Einflüsse der Qualität eines Motors auf seine Nutzungsdauer auch

---

[13] Siehe zu den verschiedenen KWK-Varianten und deren technologische Basis sowie zu den jeweiligen energetischen und ökonomischen Kenngrößen z. B. Schaumann und Schmitz (2010).

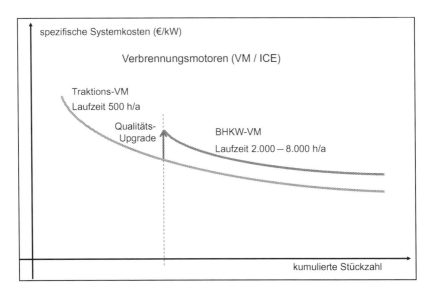

Abb. 3.5 Unterschiedliche Kostenverläufe für Traktions- u. BHKW-Verbrennungsmotoren

für Elektromotoren gibt. Beim Vergleich ist die umgekehrte Ausgangssituation zu berücksichtigen: In der Industrie werden Elektromotoren seit Jahrzenten eingesetzt, auch hier liegen große Erfahrungseffekte vor. In solchen Industrieanwendungen haben E-Motoren häufig eine relativ hohe jährliche Laufzeit. Elektromotoren sind auch für die E-Mobilität in Kraftfahrzeugen erforderlich; die laufzeitbedingten Anforderungen an Traktionsmotoren sind allerdings wiederum geringer. Daher könnten durch einen möglichen Qualitäts-Downgrade die spezifischen Systemkosten sinken. Durch die geringeren Anforderungen an die Motoren und die damit neu zu sammelnden Erfahrungen sinken dann die spezifischen Systemkosten von Traktions-E-Motoren mit der Zeit bzw. mit steigender kumulierter Stückzahl stärker als die spezifischen Systemkosten von Industriemotoren (siehe Abb. 3.6).

3.2.1 Problematik der statischen Skaleneffekte bei BHKW

Am Beispiel von Verbrennungsmotoren unterschiedlicher Leistungsklassen lässt sich die Problematik der aggregatgrößenbezogenen statischen Skaleneffekte aufzeigen. Die meisten BHKW basieren auf Verbrennungsmotoren, welche große

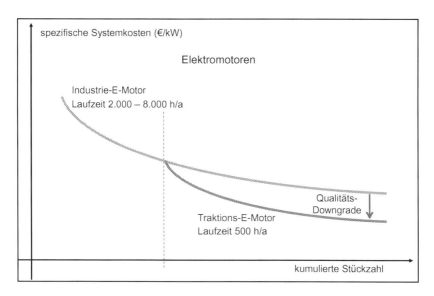

Abb. 3.6 Unterschiedliche Kostenverläufe für Traktions- u. Industrie-Elektromotoren

technologische Ähnlichkeiten zu Aggregaten für Traktionszwecke aufweisen. Aufgrund dieser Ähnlichkeit fließen sowohl Aspekte von Verbrennungsmotoren für Mobilitätsanwendungen als auch von BHKW in die folgende Betrachtung mit ein.

Teillastverhalten

Zukünftig wird voraussichtlich der Bedarf nach Ausgleichsmaßnahmen im Stromnetz durch den steigenden Anteil volatiler Stromerzeugung zunehmen. Vermehrt werden BHKW daher nicht wärmegeführt betrieben, sondern orientiert am Strombedarf. Dies bedingt einen häufigeren Betrieb der Aggregate in Teillast, mit der Folge einer schlechteren Brennstoffausnutzung aufgrund sinkender Wirkungsgrade. Dadurch wird auch der mittlere elektrische Wirkungsgrad der BHKW im Realbetrieb niedriger als im Bestpunkt sein. Von BHKW ist bekannt, dass der elektrische Wirkungsgrad im Teillastbetrieb abnimmt, er liegt einige Prozentpunkte niedriger als unter Volllast.

Zwar lassen sich durch Optimierung und weiteren technischen Fortschritt bei Verbrennungsmotoren sowohl die Bestpunkt- als auch die Realbetrieb-Wirkungsgrade noch weiter steigern, die letzteren insbesondere durch die diversen Varianten der

Hybridisierung. Jedoch werden auch weiterhin die Wirkungsgrade im Realbetrieb signifikant unter den Wirkungsgraden in den Bestpunkten liegen.

In der Regel werden BHKW in Verbindung mit einem Spitzenlastkessel installiert. Dadurch soll eine möglichst hohe BHKW-Auslastung erreicht werden, da nur der Wärme-Grundbedarf gedeckt wird. Für die Spitzenlast wird ein Erdgaskessel zugeschaltet. Durch diese Kombination ist zu erwarten, dass BHKW weniger häufig in Teillast als beispielsweise V-Motoren gefahren werden. Zudem sind bei BHKW keine ähnlichen Fahrweisen wie im Stadtverkehr, d. h. z. B. Stop-and-go sowie Leerlaufzeiten, zu erwarten. Für BHKW spielen die Auswirkungen des Teillast-Verhaltens auf den Wirkungsgrad im Realbetrieb daher eine geringere Rolle als bei der Traktion, da eine geringer ausgeprägte Teillastfahrweise zu erwarten ist.

3.2.2 Das Potenzial für Kostensenkungen von BHKW

Aufgrund der prinzipiellen Überlegungen zu den generellen Zusammenhängen bei der Lernkurve von Verbrennungsmotoren für Traktionszwecke zum einen und für die gekoppelte Strom- u. Wärmeproduktion zum anderen, ergeben sich drei prinzipielle Möglichkeiten zur signifikanten Kostensenkung von BHKW-Aggregaten:

1. Kostensenkung bei der Basistechnologie Verbrennungsmotor
2. Lerneffekte bei den Komponenten des Qualitäts-Upgrades
3. Reduzierung des Niveaus an Qualitäts-Upgrade

1. Kostensenkung bei der Basistechnologie Verbrennungsmotor
Ausgangspunkt der Überlegung ist, dass BHKW-Aggregate auf der Basistechnologie von PKW und Nutzfahrzeugen aufbauen, also auf Otto- und Dieselmotoren. Die dabei auftretenden Lerneffekte sollten deshalb prinzipiell auch für BHKW-Aggregate gelten. Neben den technologischen Verbesserungen an der Basistechnologie Verbrennungsmotor, z. B. Steigerung der Wirkungsgrade, tragen insbesondere Lerneffekte in der Wertschöpfungskette zu Kostensenkungen bei.

Für die Bestimmung der zukünftigen Kostensenkungspotenziale aufgrund der Lernkurve sind Kenntnisse bzgl. der kumulierten Produktionsmengen erforderlich. Hieraus lässt sich ableiten, um welche Menge die Verbreitung einer Technologie steigen muss, damit sich signifikante Kostensenkungen ergeben.[14] Eine weitere

---

[14] Vertiefende Erläuterungen zur Berechnung von dynamischen Skaleneffekten sind in Göllinger et al. (2018, S. 18 ff.) dargestellt.

Verdoppelung der kumulierten Leistung und eine dadurch erreichbare signifikante Kostensenkung (um ca. 15–20 %) wären bei einer weitgehenden Fortschreibung der bisherigen Entwicklung erst in Zeiträumen von ca. 20–30 Jahren möglich.[15] Für Verbrennungsmotoren wurde somit während der letzten 100–120 Jahre ein großer Bereich der Lernkurve bereits durchlaufen. Weitere Kostensenkungen erscheinen zwar möglich, diese benötigen jedoch entsprechend lange Zeiträume zu ihrer Realisierung.

Vor dem Hintergrund der aktuellen Diskussion um ein mögliches Ende oder zumindest einen starken Rückgang der Nutzung des Verbrennungsmotors für Mobilitätszwecke, entweder aufgrund der zukünftigen Marktkonkurrenz durch andere Antriebe (insbesondere Elektroantriebe mit Stromversorgung auf der Basis von Batterien oder Brennstoffzellen) oder durch politisch-administrative Maßnahmen, ist die weitere Marktentwicklung dieser Technologie mittel- und langfristig eher skeptisch zu beurteilen. Daher ist es fraglich, ob es überhaupt noch einmal zu einer Verdoppelung der kumulierten Produktionsmenge von Verbrennungsmotoren kommt, bzw. ob eine solche Verdopplung innerhalb der nächsten beiden Jahrzehnte möglich ist. Für mittlere und größere BHKW auf der Basis von Verbrennungsmotoren sind daher bzgl. der weiteren Markt- und Kostenentwicklung der zugrundeliegenden Technologie (Verbrennungsmotor) keine größeren Kostensenkungen in kurzer Zeit zu erwarten.

2. Lerneffekte bei den Komponenten des Qualitäts-Upgrades
Prinzipiell möglich erscheinen jedoch größere Kostensenkungen bei kleinen und mittleren BHKW durch Lerneffekte bei den Komponenten des Qualitäts-Upgrades. Unter das Qualitäts-Upgrade fallen die Komponenten, welche im Vergleich zu Verbrennungsmotoren für Traktionszwecke, bedingt durch eine längere Laufzeit der BHKW, eine höhere Qualität bzw. längere Nutzungsdauer aufweisen müssen.[16]

Oben wurde die These vertreten, dass die sehr großen Preis- bzw. Kostenunterschiede zwischen Automobil-Motoren und Motoren für BHKW in erster Linie auf diese laufzeitbedingten Qualitätsunterschiede zurückzuführen sind. Entsprechend den obigen Richtpreisübersichten für BHKW (siehe Abb. 3.4) kostet ein BHKW mit einer elektrischen Leistung von 100 kW ca. 100.000 €. Zwar gibt es in Einzelfällen auch PKW mit vergleichbarer Motorisierung zu einem solchen Preis;

---

[15] Die kumulierte Produktionsmenge von Verbrennungsmotoren lässt sich mittels der OIKA-Statistik zur jährlichen Fahrzeugproduktion abschätzen: Bis 2020 wurden weltweit ca. 4 Mrd. Fahrzeuge und entsprechend viele Verbrennungsmotoren produziert; dies entspricht einer kumulierten Leistung von ca. 400 TW. Vgl. Göllinger und Knauf (2018).

[16] Im engeren Sinne können dies z. B. Lager, Ventile und sonstige Motoren-Komponenten sein.

jedoch werden die meisten Volumenmodelle der Massenhersteller zu erheblich günstigeren Preisen angeboten. Aus den vorliegenden Übersichten zur Kostenaufteilung von BHKW-Anlagen (z. B. ASUE 2011) lässt sich der Kostenanteil des Verbrennungsmotor-Aggregats nicht eindeutig klären. Ebenso können aus diesen Daten zu den Lerneffekten bei den Komponenten des Qualitäts-Upgrades keine validen Aussagen getroffen werden.

3. Reduzierung des Niveaus an Qualitäts-Upgrade
Ebenso wurde eine Kostensenkung durch ein verringertes Niveau an Qualitäts-Upgrade diskutiert (Göllinger 2017). Solch eine Reduktion wäre denkbar, wenn die Laufzeiten der kleinen BHKW-Aggregate wieder stärker der Situation der Traktions-VM angenähert werden. Durch eine vermehrt stromgeführte Betriebsweise von BHKW ist es möglich, dass die jährliche Laufleistung und damit auch die erforderliche Lebensdauer von Aggregaten in Zukunft geringer ausfallen wird. Insgesamt könnten sich einerseits die Gesamtlaufleistung und andererseits der langzeitige Betrieb bei Volllast reduzieren. Unter solchen Bedingungen könnten die Kosten für hochwertige Komponenten des Qualitäts-Upgrades durch eine Reduktion der Qualität verringert werden. Aus dem vorhandenen Datenmaterial ist allerdings nicht ableitbar, welche Kostensenkungspotenziale dadurch ausgeschöpft werden könnten.

3.3 Technoökonomischer Vergleich: Verbrennungsmotor- versus Elektromotor-Fahrzeuge

Im Rahmen der Energiewende wird für den Sektor Mobilität, insbesondere bei Automobilen (PKW und LKW), u. a. eine Steigerung der Energieeffizienz aufgrund einer Ablösung der Verbrennungsmotor-Antriebe durch Elektromotor-Antriebe (V- versus E-Mobilität) angestrebt. Diese Veränderung der Technologiebasis von Autos soll einen bedeutenden Beitrag zur Verbesserung der Energie- und Emissionsbilanz leisten.

Die Grundüberlegungen zu den statischen Skaleneffekten, insbesondere der Zusammenhang zwischen der Größe bzw. Leistung eines Aggregats und dessen Wirkungsgrad eignet sich gut, um den prinzipiellen energetischen Vorteil des Elektromotorantriebs gegenüber dem Verbrennungsmotorantrieb zu begründen. Entscheidend für diese Begründung ist ein Vergleich der Wirkungsgrade beider Antriebskonzepte für verschiedene Fahr- und damit Betriebsverhältnisse, also bzgl. des Teillastverhaltens. Hierbei zeigt sich der prinzipielle energetische

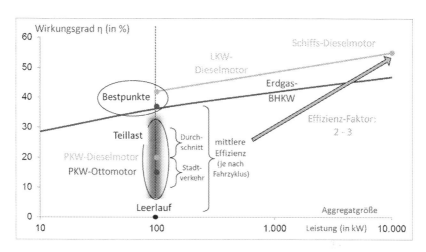

Abb. 3.7 Wirkungsgrade von Verbrennungsmotoren unterschiedlicher Leistungsklassen (Abszisse logarithmisch skaliert). (Quelle: eigene)[17]

Nachteil des Verbrennungsmotors. Für die energetische Bewertung von Antriebskonzepten von Automobilen, in diesem Fall die V- und E-Mobilität, ist eine Betrachtung entlang der Energieumwandlungskette notwendig.

Der zu diskutierende Zusammenhang ist in Abb. 3.7 dargestellt. Verglichen wird hier die energetische Effizienz der Kraftstoff-Verbrennung in Verbrennungsmotoren unterschiedlicher Typen und Größen. Beim PKW (Otto- und Dieselmotor) liegt die typische Aggregatleistung in der Größenordnung von 100 kW. Für diese Aggregatgröße ergibt sich unter idealen Fahr- und Betriebsbedingungen ein Wirkungsgrad von um die 40 %; bei Dieselmotoren etwas höher, bei Benzinmotoren etwas weniger. Zu bedenken ist jedoch, dass diese Wirkungsgrade jeweils die maximal erzielbaren Werte (Bestpunkte) für eine bestimmte Leistungsklasse von Verbrennungsmotoren im Falle eines Betriebs im optimalen Betriebspunkt darstellen. Solche energetisch vorteilhaften Betriebszustände sind i. d. R. nur im stationären Betrieb eines Verbrennungsmotors zu erreichen, nicht jedoch im mobilen Realbetrieb eines Fahrzeuges.

Ein realer Fahrzyklus bedingt häufig Betriebszustände, in welchen der Motor nur einen Bruchteil seiner maximalen Leistung erbringt (Teillastbetrieb) und

---

[17] Datenquellen: ASUE (2014, S. 7 f.), Basshuysen und Schäfer (2017, S. 18 ff.) sowie Schreiner (2017, S. 25).

deshalb die Effizienz des Motors deutlich unter dem Maximalwert liegt. Entsprechend dem breiten Leistungsspektrum im Teillastbetrieb liegen auch die realen Wirkungsgrade innerhalb einer gewissen Bandbreite. Ebenfalls zu bedenken ist, dass im Falle einer Leerlaufsituation (laufender Motor und ausgekuppelt), z. B. beim Halt vor einer roten Ampel, der auf die Fahrstrecke bezogene effektive Wirkungsgrad des Motors praktisch bei null liegt. Je nach konkretem Fahrzyklus eines Fahrzeugs ergeben sich aus diesen unterschiedlichen Betriebszuständen durch die jeweilige Gewichtung entsprechende Effizienzwerte.

Speziell bei PKW-Antriebsaggregaten ist prinzipiell zwischen dem Wirkungsgrad der Aggregate im jeweiligen Bestpunkt (Ottomotoren ca. 37 %, Dieselmotoren ca. 42 %) und dem geringeren durchschnittlichen Wirkungsgrad im Realbetrieb (unterschiedlicher Mix aus Volllast, Teillast und Leerlauf) zu unterscheiden. Insbesondere im realen Stadtbetrieb von Fahrzeugen (hohe Teillast- und Leerlauf-Anteile) erreichen Verbrennungsmotoren jeweils nur einen deutlich geringeren mittleren Wirkungsgrad (Ottomotoren ca. 10–15 %, Dieselmotoren ca. 15–20 %) als in den entsprechenden Bestpunkten. Während die mittlere Effizienz eines Verbrennungsmotors-Fahrzeugs (ca. 100 kW) je nach Fahrzyklus in einem weiten Bereich differieren kann, von deutlich unter 10 % bei fast ausschließlich kurzzyklischer Stop-and-go-Fahrt (z. B. Postauslieferung) bis zu Werten von über 35 % bei entsprechend optimierten Fahrzyklen (z. B. schnelle Autobahnfahrt bei freier Strecke), liegt der Durchschnitt für die meisten PKW im Bereich von 20–30 %, also deutlich unterhalb der prinzipiell möglichen Bestpunkte in dieser Leistungsklasse von um die 40 %.[18]

Anhand dieses Zusammenhangs lässt sich begründen, weshalb die energetische Effizienz der E-Mobility (ca. 80 %) wesentlich höher ist als die der herkömmlichen V-Mobility (kleine Motoren, niedriger Wirkungsgrad), selbst wenn der Betriebsstrom aus der Verbrennung fossiler Kraftstoffe in Verbrennungsmotoren kommt.[19] Im Falle sehr großer KWK-Anlagen (>10 MW) auf verbrennungsmotorischer Basis (z. B. große Schiffs-Dieselmotoren) beträgt die energetische Effizienz deutlich über 50 %, da diese Motoren im stationären Zustand und nahe an ihren Bestpunkten betrieben werden können. Da auch Generatoren in dieser

---

[18] Dieses Beispiel zeigt, dass die Maximierung des Wirkungsgrades der V-Mobilität nicht das einzige Optimierungsziel sein kann. Denn dies würde bedingen, häufig eine hohe Auslastung des Motors abzurufen, also mit hoher Geschwindigkeit zu fahren; dadurch steigt aber der Leistungs- und somit auch der Energiebedarf überproportional. Eine zusätzliche Möglichkeit besteht in der Beschränkung auf eine geringere Höchstgeschwindigkeit und damit auf eine geringere Motorleistung.

[19] Ein weiterer wesentlicher Effizienztreiber der E-Antriebe ist die Möglichkeit zur Rückgewinnung von Bremsenergie (Rekuperation).

Leistungsklasse einen sehr hohen Wirkungsgrad aufweisen, erfolgt die Stromerzeugung mit einem Wirkungsgrad um die 50 %. Bei E-Motor-Antrieben fallen die Wirkungsgradverluste im Teillastbetrieb deutlich geringer aus als bei V-Motoren. Insofern liegt aufgrund der Kombination von hoher Effizienz bei der Stromerzeugung in großen Anlagen und hoher Effizienz bei der Stromnutzung in E-Motoren also auch die mittlere Effizienz von E-Autos deutlich über denen von V-Autos. Unter diesen Gesichtspunkten ist die Erzeugung von Elektrizität in stationären und großen KWK-Aggregaten (Großmotor-KWK) und die Nutzung zum Betrieb von Elektroautos um den Faktor 2 bis 3 effizienter als die direkte Verbrennung des Kraftstoffes in relativ kleinen Verbrennungsmotoren im mobilen Realbetrieb eines typischen PKW.[20]

3.4   Fazit zu Verbrennungsaggregaten und Kraftwerken

Vor dem Hintergrund der bisherigen Erläuterungen kann hier im Kontext von Skaleneffekten ein Fazit bzgl. der verschiedenen Varianten der Stromerzeugung im Hinblick auf die Frage der Zentralisierung gezogen werden. Als (fiktive) Extremausprägung einer brennstoffbasierten Zentralisierungsstrategie lässt sich die Konzentration der gesamten Stromerzeugung auf ein einziges „Super-Kraftwerk" denken, bzw. durch eine Differenzierung in verschiedene Lastbereiche jeweils auf ein Super-Kraftwerk für Grund-, Mittel- und Spitzenlastkontingente. Analog hierzu ist die Extremausprägung einer brennstoffbasierten Dezentralisierungsstrategie in der Einzelversorgung von Objekten mittels Mikro-BHKW zu sehen.

Unter den KWK-Optionen war lange Zeit vor allem die Versorgung durch zentrale Heizkraftwerke (Groß-KWK) vorherrschend. Diese zentrale Variante wird seit einigen Jahren verstärkt durch eine zunehmende Verbreitung von dezentralen Varianten der KWK erweitert. Im Kontinuum zwischen dezentral und zentral sind die Übergänge fließend. In der vorliegenden Schrift wird unter „dezentraler Versorgung" die direkte Wärmeversorgung durch KWK-Aggregate verstanden, die im Gebäude oder in Gebäudeanbauten installiert sind. Zentrale Versorgungsoptionen umfassen dagegen Aggregate, die mit einem (größeren) Nah- bzw. Fernwärmenetz verbunden sind.

---

[20] Dies gilt auch unter Berücksichtigung der Motor- und Batterieverluste. Selbstverständlich müssen für die Beurteilung der Gesamteffizienz alle Elemente der Energieumwandlungskette betrachtet werden. Dennoch stellt die hier betrachtete Umwandlungsstufe i. d. R. einen bedeutenden Faktor für die gesamte Energieeffizienz von Fahrzeugen dar.

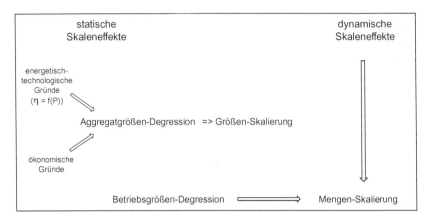

Abb. 3.8 Zusammenhang der Größendegressionseffekte bei Energietechnologien

Sowohl die Größen-Skalierung als auch die Mengen-Skalierung im Bereich der brennstoffbasierten Energieversorgung kommen jeweils an ihre technologischen und/oder ökonomischen Grenzen. Sehr große Kraftwerke bringen keine weiteren Größendegressionseffekte mit sich und sehr kleine dezentrale Aggregate auf der Basis klassischer Verbrennungskraftmaschinen sind aufgrund ihrer prinzipbedingt geringen Wirkungsgrade energetisch und ökonomisch suboptimal. Den Zusammenhang der verschiedenen diskutierten Größendegressionseffekte bei Energietechnologien fasst Abb. 3.8 zusammen.

Für Überlegungen zu der konkreten Ausgestaltung einer KWK-Strategie mit BHKW spielen insbesondere zwei Aspekte eine wichtige Rolle:[21]

- Der elektrische Wirkungsgrad (und damit auch die Stromkennzahl) eines BHKW sind bei sehr kleinen Anlagen (Mikro- u. Mini-BHKW) deutlich geringer als bei mittleren und größeren Anlagen.
- Es liegt eine Kostendegression für Anlagen mit zunehmender Größe (Leistung) vor; insbesondere Mikro-BHKW weisen sehr hohe spezifische Investitionskosten auf.

---

[21] Vgl. hierzu ausführlich Göllinger (2012, S. 414 ff.).

Dies gilt zumindest für BHKW auf Verbrennungsmotor-Basis.[22] Inwieweit im Bereich dieser Klein- und Kleinstaggregate bedeutsame weitere Kostensenkungen durch Erfahrungskurveneffekte erzielt werden können, ist eine offene Frage. Jedenfalls spricht einiges dafür, dass die spezifischen Investitionskosten von Klein- und Kleinst-Aggregaten auch zukünftig deutlich über denjenigen mittlerer und größerer Aggregate liegen werden.[23]

Zwar ist energiepolitisch eine Abkehr von der, bisher lange dominierenden, einseitigen Fixierung auf die Größen-Skalierung (Zentralisierung) von Energietechnologien zur Stromerzeugung bzw. von Kraftwerken bei einer gleichzeitigen Hinwendung zur Mengen-Skalierung (Dezentralisierung) erforderlich, jedoch gilt es auch hier die Gefahr der möglichen Übertreibung dieser Strategie zu vermeiden. Eine rein dezentral orientierte KWK-Strategie könnte daher aus energetischen und ökonomischen Gründen ähnlich dysfunktional sein wie die bisherige Orientierung am Prinzip der Größen-Skalierung, die zum historisch gewachsenen Status-quo im Bereich der verbrennungsbasierten Stromerzeugung führte.

Insgesamt ergibt sich aus diesen Überlegungen eine Argumentation in Richtung einer gemischten Strategie, mit sowohl dezentralen als auch zentralen KWK-Erzeugungskontingenten und in Kombination mit entsprechenden EE-Kontingenten (siehe Abb. 3.9).

Im Bereich der verbrennungsbasierten Stromerzeugung erstreckt sich dann das Spektrum von den mittleren BHKW über die Großmotor-KWK bis zu den GuD-Kraftwerken. Aufgrund ihrer ungünstigen technoökonomischen Eigenschaften fallen die äußerst dezentralen Varianten Mikro- u. Mini-BHKW weitgehend ebenso aus diesem Portfolio, wie die fossilen und nuklearen Großkraftwerke.

---

[22] Anders könnte die Situation bei zukünftigen BHKW auf der Basis von Brennstoffzellen-Technologien aussehen. Neben dem generellen Problem, dass diese Technologien erst an der Schwelle zur Marktreife stehen, befinden sie sich bei ihrer Markteinführung auch erst am Anfang ihres Erfahrungskurvenzyklus. Aufgrund der völlig anderen technologischen Basis von Brennstoffzellen könnte sich zumindest mittelfristig eine geringere Ausprägung des Größendegressionseffektes ergeben. Sollte dies zutreffen, dann würde die Argumentation in Richtung dezentrale Mikro-KWK mittels Brennstoffzellen-BHKW gestärkt.

[23] Diese höheren Kosten für die Aggregate im Bereich der Mikro-KWK zur Versorgung von Einzelgebäuden sind abzuwägen gegen höhere Infrastrukturkosten für die Wärmeverteilung bei größeren Anlagen, die mehrere Objekte versorgen. Darüber hinaus spielen weitere Aspekte wie stochastische Lastverteilung, räumliche Möglichkeiten, Speicher- und eine evtl. übergeordnete Netzinfrastruktur eine Rolle.

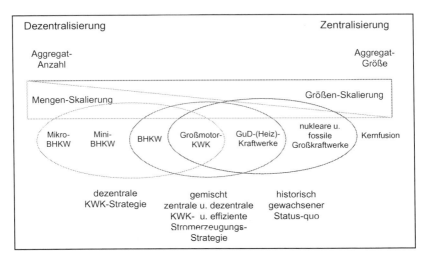

Abb. 3.9 Strategien der Größen- u. Mengen-Skalierung bei der verbrennungsbasierten Stromerzeugung

Technoökonomie der Photovoltaik

4

4.1 Statische Skaleneffekte bei der PV

Eine der wichtigsten Schlüsseltechnologien für die Energiewende ist die Photovoltaik (PV); diese hat sich in den letzten Jahren weltweit beeindruckend entwickelt und hat ebenso noch eine große Zukunft vor sich. Bei dieser Technologie liegen ausgeprägte Skaleneffekte vor. Die Investitionsausgaben einer Photovoltaikanlage setzen sich insbesondere aus den Technologie-, Installations-, Planungs- und Finanzierungskosten zusammen. Die Technologiekosten bestehen hauptsächlich aus den Kosten für die eigentlichen Solarmodule, für Wechselrichter und für alle weiteren Anlagen-Elemente, wie Gestell bzw. Befestigung, Verkabelung etc. („Balance of System", BOS), hierzu werden häufig auch die Installationskosten gerechnet.[1] Für all diese Komponenten konnten in der Vergangenheit deutliche jährliche Verbesserungen und Kosteneinsparungen erzielt werden; auch für die Zukunft bis 2050 wird mit einer weiteren Senkung der Systemkosten gerechnet. Die Investitionsausgabe für eine PV-Anlage bestimmt maßgeblich die energiewirtschaftlich relevanten Stromgestehungskosten.[2]

---

[1] So etwa in Fraunhofer ISE (2015a). In näherer Zukunft könnten noch weitere Komponenten hinzukommen, z. B. Stromspeicher, Leistungselektronik und IT-Zubehör (vgl. Jäger-Waldau 2019).

[2] Zu den Determinanten und zur Ermittlung der Stromgestehungskosten siehe z. B. Göllinger (2004).

T. Göllinger, *Technoökonomie der Energiewende*, essentials, https://doi.org/10.1007/978-3-658-38902-4_4

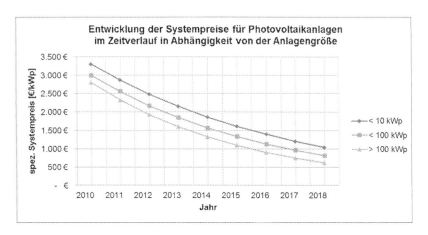

Abb. 4.1 Spezifische Systempreise von PV-Anlagen differenziert nach Anlagengrößen[3]

a) Größendegression mit steigender Modulgröße
Eine steigende Fläche der einzelnen Module bewirkt eine Verbesserung des Verhältnisses von Ertragsfläche zu Materialeinsatz; dadurch können Module tendenziell preiswerter produziert werden.[4] Bei der konkreten Anwendung ergeben sich weitere Vor- aber auch Nachteile von größeren Modulflächen (z. B. hinsichtlich Bruchsicherheit, Transportierbarkeit, Dachpassung, Installationsaufwand etc.). Eine Fokussierung auf diesen statischen Skaleneffekt (im engeren Sinne) allein genügt daher nicht, um die These der Größenabhängigkeit der Systemkosten zu untermauern. Wichtiger erscheint ein Blick auf den folgenden Größendegressionseffekt, bei dem alle Vor- und Nachteile von statischen Skaleneffekten im engeren Sinne prinzipiell gegeneinander abgewogen werden müssen.

b) Größendegression mit steigender Anlagengröße
Große Photovoltaikanlagen sind im Verhältnis zu kleinen Anlagen, bezogen auf die spezifischen Systemkosten, etwas günstiger (siehe die Darstellung für Deutschland in Abb. 4.1).
Hierfür kommen mehrere Ursachen infrage, diese werden in der Literatur aber kaum erläutert. Folgende potenziell relevante Faktoren spielen eine Rolle:

---

[3] Darstellung mit Extrapolation der Daten aus Wesselak und Voswinckel (2016, S. 105)
[4] Vgl. etwa Candelise et al. (2013, S. 102).

- **Modulgrößen:** Für sehr große, oft freistehende PV-Anlagen können in der Regel große Module verwendet werden (vgl. Abschnitt a).
- **Standortvorteile:** Die Standorte für große Anlagen sind in der Regel zugänglicher und können dadurch günstiger erschlossen werden. Dieser Vorteil spiegelt sich im Wesentlichen in spezifisch niedrigeren BOS-Kosten für große PV-Anlagen wider.[5]
- **Mengenrabatte:** Daneben können in der Regel bei großen Anlagen aus verschiedenen Gründen spezifisch günstigere Preise ausgehandelt werden.

Diese Effekte können kombinativ auftreten; als Resultat ergeben sich relativ niedrigere Systemkosten für große Anlagen. Hierbei gilt folgende Rangliste (entsprechend steigender Systemkosten): Freiflächenanlagen vor großen Dachanlagen vor kleinen Dachanlagen.

Dies gilt in der statischen Betrachtung für Best- und Worst-Case-Anlagen. Die relative Bedeutung der Größenabhängigkeit, bezogen auf den durchschnittlichen Anlagenpreis, nahm aufgrund weitgehend gleichbleibender absoluter Preisdifferenzen im Zeitverlauf sogar zu (siehe Abb. 4.1).

Einschränkend muss betont werden, dass dieses Ranking nur unter Zugrundelegung ökonomischer Größen im engeren Sinne (betriebswirtschaftliche Kosten (Stromgestehungskosten) der Energiegewinnung) gilt. Andere entscheidungsrelevante Kriterien, wie diverse landschafts-, stadt- und flächenökologische Aspekte, können zu anderen Vorteilhaftigkeits-Rankings hinsichtlich der Anlagengröße von Energietechnologien im Allgemeinen und der Photovoltaik im Besonderen führen.

4.2 Dynamische Skaleneffekte bei der PV

Dass für die PV-Technologie erhebliche Potenziale zur Kostensenkung bestehen, wurde bereits in frühen Publikationen seit den 1980er Jahren begründet. Hieraus lassen sich innovations- und energiepolitische Argumente für die finanzielle Förderung diese Technologie ableiten (z. B. Göllinger 2012, 2021). Die diesbezüglichen optimistischen Erwartungen wurden bisher weitgehend erfüllt.

Insbesondere für Photovoltaikmodule sind die Kosten bzw. Preise seit den ersten Anfängen der Technologieentwicklung bzw. Marktdurchdringung stark gesunken (siehe Abb. 4.2).

---

[5] Vgl. etwa Feldman et al. (2015, Folie 19).

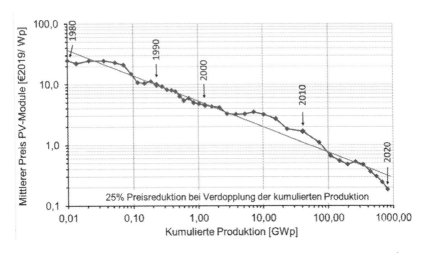

Abb. 4.2 Historische Entwicklung spezifischer Modulpreise von Photovoltaikanlagen[6]

Diese Kostenreduktion bei den Modulkosten spiegelt sich in insgesamt sinkenden Systemkosten für PV-Anlagen wider und geht zugleich mit einer Abnahme
des Anteils der Modulkosten an den Gesamtkosten einer PV-Anlage einher (vgl.
Abb. 4.3).

Die Gründe für diese Kostensenkungen sind vielseitig; nicht zuletzt führten
die stetig steigenden Wirkungsgrade bei zugleich effizienterem Materialeinsatz in
immer ausgereifteren und hochautomatisierten Produktionsanlagen zur Reduktion
spezifischer Investitionskosten. Doch auch die sinkenden Materialkosten, insb.
für Silizium, sowie eine Intensivierung des Preiswettbewerbs haben zu dieser
Reduktion beigetragen.[7]

Da diese Potenziale noch nicht ausgeschöpft erscheinen, wird auch für die
Zukunft in allen einschlägigen Studien eine weitere Senkung der Systemkosten erwartet (vgl. Abb. 4.4). Im Gegensatz zu bspw. Windkraftanlagen werden
die Verknappung von Rohstoffen für die Herstellung von PV-Modulen und die
Verknappung günstiger Standorte (bisher) nicht als kritische Größen für die Entwicklung der PV-Systemkosten gesehen. Dies gilt zumindest für die auf Silizium
basierenden Technologielinien, da dieses Element aufgrund seiner reichlichen

---

[6] Quelle: Jäger-Waldau (2019) und Wirth (2022).
[7] Vgl. etwa Candelise et al. (2013), Jäger-Waldau (2019) u. Pillai (2015).

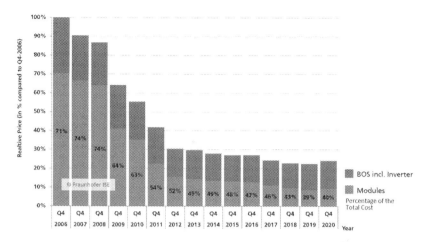

Abb. 4.3 Entwicklung spezifischer Preise für Aufdach-PV-Anlagen (10 bis 100 kW$_p$) in Deutschland[8]

Verfügbarkeit als Quarzsand zumindest für die nähere Zukunft keine Ressourcenengpässe erwarten lässt.[9] Über die Verknappung günstig erschließbarer Dach-, Fassaden- und Freiflächen (in Deutschland) finden sich in der Literatur bislang kaum bis keine Andeutungen, da für solare Technologien insgesamt eine hohe Flächenverfügbarkeit bescheinigt wird.[10]

Allerdings liegen diesen Potenzialstudien teils unkritische und unreflektierte Annahmen bzgl. der Flächenverfügbarkeit zugrunde; häufig wird die flächenökologische Problematik weitgehend ausgeblendet. Dabei zeigt sich im erweiterten

---

[8] Quelle: Jäger-Waldau (2019) und Wirth (2022).

[9] Vgl. Mertens (2015, S. 149). Zudem: Seit einigen Jahren befindet sich eine Recyclingwirtschaft für Photovoltaik-Module bzw. -Anlagen im Aufbau. Untersuchungen in einer Pilotanlage sowie Abschätzungen für einen ausgereiften und hochautomatisierten Aufbereitungsprozess deuten darauf hin, dass sich für recycelte gegenüber neuen Wafern deutliche Kosteneinsparungen realisieren lassen müssten, wozu u. a. der deutlich geringere Energieaufwand einer Aufbereitung gegenüber der Primärgewinnung beiträgt (vgl. Hahne & Hirn 2010, S. 4). Die Auswirkungen dieser aufkommenden branchen-internen Kreislaufwirtschaft wurden in den bisherigen Kostenprojektionen nicht explizit berücksichtigt. Auch in der PV-Branche ist die Reduktionswirtschaft im Vergleich zur Produktionswirtschaft immer noch unterentwickelt. Für die zunehmend benötigten Aufbereitungsanlagen kann daher ebenfalls noch mit statischen und dynamischen Skaleneffekten gerechnet werden.

[10] Siehe diverse Potenzialstudien für Deutschland, u. a. BMVI (2015) für das solare Dachflächenpotenzial.

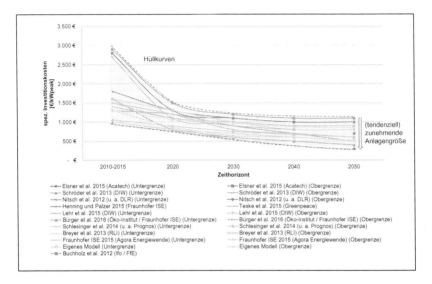

Abb. 4.4 Szenarien für die spezifischen Investitionskosten von Photovoltaikanlagen (global)[11]

ökologischen und bioökonomischen Kontext, dass die Flächenkonkurrenz einen limitierenden Faktor für die Freiflächennutzung der PV darstellt (Göllinger und Harrer-Puchner 2022).

Die Preise für installierte Photovoltaikanlagen sind global noch sehr heterogen, obwohl für die technischen Komponenten ein weltweiter Markt existiert. Dies hängt jedoch nicht an ausgeschöpften Flächenpotenzialen, sondern insbesondere an unterschiedlichen rechtlichen und wirtschaftlichen Rahmenbedingungen (u. a. Gebühren für Anlagenbewilligung und Netzanschluss sowie Reifestadium lokaler Photovoltaikmärkte mit etwa unzureichendem Wettbewerb von Betreibern, Planern und Installateuren).[12] Staatenübergreifende Vergleiche von Skaleneffekten wären daher aktuell nicht zweckmäßig.

---

[11] Darstellung unter Verwendung der Literatur einer Metaanalyse (vgl. AEE 2016) und Fraunhofer ISE (2015a) sowie den Ergebnissen eines eigenen Lernkurvenmodells (Göllinger et al. 2018).

[12] Vgl. Jäger-Waldau (2019, S. 39).

5.1   Große Windkraftanlagen (Onshore)

Die Gesamtinvestitionskosten großer Windkraftanlagen (WKA) an Land setzen sich aus Hauptinvestitions- und Investitionsnebenkosten zusammen. Hierunter werden wiederum verschiedenste Kostenpositionen subsumiert. Unter Hauptinvestitionskosten fallen die Anschaffungskosten für Turm, Gondel und Rotorblätter sowie die Kosten für den Transport zum Aufstellungsort inklusive der Installation der Anlage; zu den Investitionsnebenkosten werden Kosten für Fundament, Netzanbindung, Erschließung, Planung sowie sonstige Investitionsnebenkosten gezählt (vgl. Wallasch et al. 2015).

Statische Skaleneffekte bei Onshore-WKA
Bei Windkraftanlagen kommt als zentrale Determinante für die spezifischen Hauptinvestitionskosten neben der Anlagenleistung noch die Nabenhöhe der Anlagen zum Tragen, die wiederum wesentlich die erzielbaren Volllaststunden beeinflusst. Diese spezifischen Kosten sinken leicht mit der Anlagenleistung und steigen deutlich mit der Anlagenhöhe (siehe Tab. 5.1).[1]

---

[1] Bestimmte physikalisch-technische Besonderheiten an Windkraftanlagen sind für die zum Teil überproportional steigenden Baukosten mit steigender Turmhöhe verantwortlich. Dennoch kann sich eine Erhöhung der Turmhöhe für Onshore-Anlagen aufgrund der ebenfalls überproportional steigenden Windenergieausbeute lohnen (vgl. z. B. Hau 2016, S. 546 ff.). Allerdings gilt auch für WKA, dass die betriebs- bzw. energiewirtschaftliche Vorteilhaftigkeit, neben sozialökologischen Aspekten, nur eine Komponente des Entscheidungsfeldes darstellt.

© Der/die Autor(en), exklusiv lizenziert an Springer Fachmedien Wiesbaden   49
GmbH, ein Teil von Springer Nature 2022
T. Göllinger, *Technoökonomie der Energiewende,* essentials,
https://doi.org/10.1007/978-3-658-38902-4_5

Tab. 5.1 Abhängigkeit spezifischer Investitionskosten bei großen Onshore-Windkraftanlagen von Nabenhöhe und Anlagenleistung in Deutschland[2]

Spezifische Investitionskosten [€/kW]	Leistungsklasse	
Nabenhöhe	2 MW < P ≤ 3 MW	3 MW < P ≤ 4 MW
NH ≤ 100 m	990	980
100 m < NH ≤ 120 m	1160	1120
120 m < NH ≤ 140 m	1280	1180
140 m < NH	1380	1230

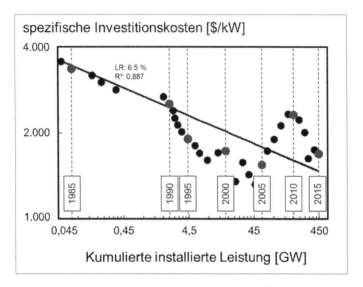

Abb. 5.1 Lern-Erfahrungskurve von Windkraftanlagen (global)[3]

Dynamische Skaleneffekte bei Onshore-WKA
Auch bei Windkraftanlagen konnte bis zur Gegenwart eine starke Reduzierung der spezifischen Investitionskosten beobachtet werden (siehe Abb. 5.1).

---

[2] Vgl. Wallasch et al. (2015, S. 6).
[3] Unter Verwendung von Williams et al. (2017, S. 432).

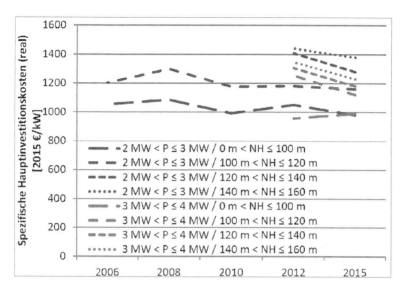

Abb. 5.2 Entwicklung spezifischer Hauptinvestitionskosten bei Onshore-Windkraftanlagen (Deutschland)[4]

Allerdings haben sich die Hauptinvestitionskosten in den vergangenen Jahren, aufgrund der weitgehenden Reife der Anlagentechnik und Produktionsanlagen, kaum noch positiv auf die dynamische Kostenentwicklung ausgewirkt (Abb. 5.2).

Für die Investitionsnebenkosten zeigt sich dagegen für die vergangenen Jahre ein tendenzieller Kostenanstieg, u. a. aufgrund aufwendigerer Anlagenplanung infolge schwierigerer Genehmigungsverfahren (vgl. Abb. 5.3).

Für die Zukunft gehen die meisten Szenarien bzgl. der spezifischen Gesamtinvestitionskosten von weiteren geringfügigen Kostenreduktionen aus (siehe Abb. 5.4).

Diese werden mit noch ausschöpfbaren technischen Entwicklungspotenzialen begründet, etwa durch den Einsatz neuer Materialien und Trägerstrukturen (vgl. AEE 2016, S. 6). Verknappungstendenzen bei eingesetzten Materialien und an günstig erschließbaren Standorten fallen nach diesen Einschätzungen nicht ins Gewicht.

---

[4] Vgl. Wallasch et al. (2015, S. 8).

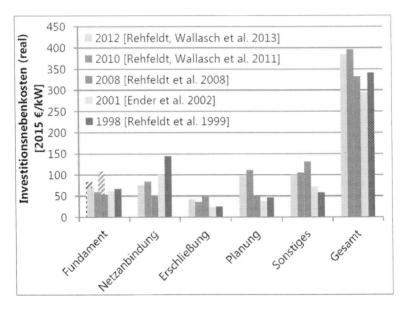

Abb. 5.3 Entwicklung spezifischer Investitionsnebenkosten bei Onshore-Windkraftanlagen (Deutschland)[5]

Sozial-ökologische Restriktionen (Ästhetik, Landschaftsbild und Naturschutz) werden aber mit zunehmender Potenzialerschließung und tendenziell zunehmenden Anlagengrößen an Bedeutung gewinnen. Insofern spielt dann auch die Akzeptanz in der Bevölkerung eine große Rolle. In diesem Kontext werden durch verstärkte Bürgerdialog- und Beteiligungsprozesse die Transaktionskosten der Windenergienutzung weiter steigen.

---

[5] Vgl. Wallasch et al. (2015, S. 11 ff.).

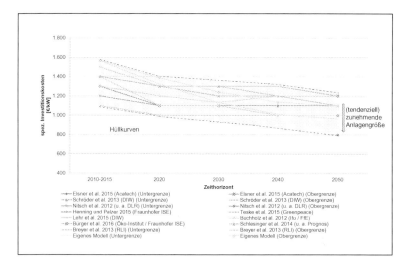

Abb. 5.4 Entwicklung spezifischer Gesamtinvestitionskosten bei Onshore-Windkraftanlagen bis zum Jahr 2050 (global)[6]

5.2 Große Windkraftanlagen (Offshore)

Die Gesamtinvestitionskosten großer Windkraftanlagen auf See setzen sich analog zu landgebundenen Anlagen zusammen. Jedoch weicht die Bedeutung der einzelnen Kostenpositionen aufgrund unterschiedlicher Standortbedingungen an Land und auf See voneinander ab (vgl. Abb. 5.5).

Statische Skaleneffekte bei Offshore-WKA
Insgesamt liegen die spezifischen Investitionskosten von Anlagen auf See deutlich über denjenigen von Anlagen an Land, wobei auch hier größenabhängige statische Skaleneffekte beobachtet werden können. Als wesentliche Einflussfaktoren treten hierbei erstens die Anlagengröße und zweitens die Parkgröße auf. Auf beiden Betrachtungsebenen existieren Fixkosten, die mit jeweils zunehmender

---

[6] Darstellung unter Verwendung von AEE (2016, S. 6) sowie unter Ergänzung der Ergebnisse eines eigenen Lernkurvenmodells.

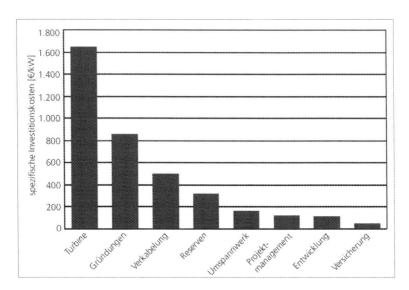

Abb. 5.5 Spezifische Investitionskosten von Offshore-Windkraftanlagen, Sortierung nach Investitionshöhe in Europa. (Quelle: Fraunhofer IWES 2017, S. 69)

Größe unterproportional steigen. Die Bedeutung dieser Faktoren wurde insbesondere auf Park-Ebene bisher nicht eindeutig untersucht bzw. belegt. Weitere Faktoren, wie unterschiedliche Wassertiefen und Entfernungen zur Küste, erschweren die Analyse, während zugleich die Fallzahlen (Anzahl an Offshore-Windparks) bisher nicht ausreichend hoch für aussagekräftige Ergebnisse sind (vgl. Voormolen et al. 2016).

Dynamische Skaleneffekte bei Offshore-WKA
Auch in Zukunft rechnen einschlägige Forschungsinstitute mit weiteren Kosten- bzw. Preissenkungen bei Offshore-Windkraftanlagen (vgl. Abb. 5.6).

Nur wenige Studien berücksichtigen auch die zunehmende Verknappung günstig gelegener, z. B. küstennaher Standorte („low hanging fruits"). Dazu ist zu ergänzen, dass der allgemeinen Annahme, wonach die Installationskosten von Offshore-Windkraftanlagen in Zukunft weiter abnehmen werden, durch empirische

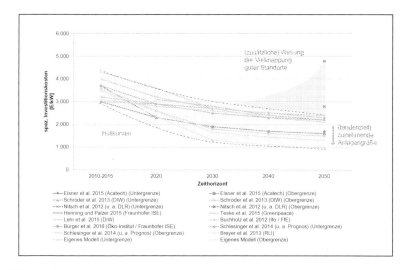

Abb. 5.6 Studienvergleich zur Entwicklung spezifischer Gesamtinvestitionskosten bei Offshore-Windkraftanlagen bis zum Jahr 2050 in Deutschland[7]

Untersuchungen teilweise widersprochen wird. Insbesondere erscheinen die in früheren Studien getroffenen Annahmen bezüglich der Lerneffekte so nicht einzutreten (vgl. hierzu Dismukes und Upton 2015; Schwanitz und Wierling 2016). Trotz Anzeichen für Learning-by-doing und Learning-by-searching sind zumindest keine nennbaren Preissenkungen zu erkennen (vgl. Voormolen et al. 2016).

---

[7] Darstellung unter Verwendung von AEE (2016, S. 6) sowie unter Ergänzung der Ergebnisse eines eigenen Lernkurvenmodells.

Ausblick auf weitere Technologien und Fazit 6

6.1 Die technoökonomische Situation von weiteren Energietechnologien

Über die in diesem *essential* genauer dargestellten Energietechnologien hinaus, gibt es eine Reihe weiterer Technologien, die für die Energiewende eine mehr oder weniger große Rolle spielen. Allerdings stehen für diese Technologien weit weniger belastbare empirische Studien zur jeweiligen Kostensituation zur Verfügung als für die hier bereits beschriebenen. Bei einigen Technologien entwickelt sich die Situation auch sehr dynamisch, andere befinden sich erst noch in einer frühen Phase der Marktentwicklung, sodass umfassende Studien wohl erst in einigen Jahren zur Verfügung stehen werden. Daher erfolgt bzgl. dieser Technologien hier nur eine kursorische Übersicht.

Solarthermie
Die empirischen Daten für die spezifischen Kosten der Solarthermie ergeben kein eindeutiges Bild bzw. deuten eher auf eine geringere Ausprägung des Größendegressionseffektes hin. Ebenso ist bei Solarthermie-Anlagen in der Vergangenheit kein mit der Photovoltaik vergleichbarer Preisverfall aufgetreten. In der Literatur werden unterschiedliche Gründe hierfür genannt: steigende Kosten für Rohstoffe wie Kupfer und Aluminium, die Förderpolitik (z. B. EEG), welche die Photovoltaik bevorzugt und die fehlende Weitergabe von Kostenvorteilen durch Anbieter, Großhändler und Installateure. Einige Studien gehen zwar von einer weiteren zukünftigen Kostensenkung für Solarthermie-Anlagen aus; jedoch deutet die aktuelle Entwicklung eher kaum darauf hin. Der Kostenvorteil der PV, insbesondere aufgrund der mittlerweile langjährigen finanziellen Förderung über das EEG, spricht eher dafür, dass auch

T. Göllinger, *Technoökonomie der Energiewende*, essentials, https://doi.org/10.1007/978-3-658-38902-4_6

typische Anwendungsfelder der Solarthermie (Warmwasserversorgung und Hei-
zungsunterstützung) zukünftig vorteilhafter mittels PV-Strom und der Nutzung von
Power-to-Heat-Technologien (PtH) abgedeckt werden könnten.

Elektrische Wärmepumpen
Elektrische Wärmepumpen sind die wichtigste Schlüsseltechnologie für die Wär-
mewende; insbesondere im Kontext mit einer Nutzung regenerativer und/oder
hocheffizienter brennstoffbasierter Stromkontingente als Antriebsenergie (Göllinger 2012). Für die Wärmeversorgung durch elektrische Wärmepumpen stehen
verschiedene Wärmequellen zur Verfügung; neben Luft, Wasser- und Sole kann
auch Abwärme genutzt werden. Die spezifischen Investitionskosten unterscheiden sich aufgrund der Bandbreite an Wärmequellen und den dafür notwendigen
komplementären Technologien (u. a. Brunnen-Bohrungen) stark. Aus den in der
Literatur zu findenden Angaben wird i. d. R. nicht deutlich, welche Kosten jeweils
in den angegeben Werten enthalten sind. Dies erschwert die Datenerhebung und -
auswertung erheblich. Besonders bei Wärmequellen (z. B. Erdreich und Sole), deren
Nutzung Bohrungen und/oder sonstige aufwendige Erdarbeiten erfordert, können
die Kostenangaben sehr unterschiedlich sein. Dennoch ist einschlägigen Erhebungen (z. B. Wolf et al. 2014) zu entnehmen, dass bei elektrischen Wärmepumpen
ausgeprägte Größendegressionseffekte vorliegen. Dagegen sind sich diverse Studien (z. B. Prognos et al. 2014; Öko-Institut und Fraunhofer-ISE 2016) darin einig,
dass bzgl. der Wärmepumpen-Technologie kein großes Kostensenkungspotenzial
mehr vorhanden ist. Es ist zu vermuten, dass es aufgrund der engen Verwandtschaft
zu Kältetechnologien (Kühlschränke etc.) bereits eine große Stückzahl hergestellter Basistechnologien gibt und daher bei den Lerneffekten eine gewisse Sättigung
erreicht wurde, d. h. es bestehen nur noch geringe Lerngrade für die eigentliche
Wärmepumpentechnologie. Unklar ist die Situation bzgl. weiterer Komponenten
von bestimmten Wärmepumpen-Systemen, insbesondere hinsichtlich der diversen Technologien zur Erschließung von Wärmequellen. Hierzu fehlen qualifizierte
Kostenübersichten und belastbare Abschätzungen des zukünftigen Kostensenkungs-
potenzials. Vorstellbar ist, dass bei den Bohr- und Grabungstechnologien noch
weitere Potenziale zur Kostensenkung vorhanden sind.

Thermische Speicher
An Wärmespeichern sind vor allem sensible Wärmespeicher verbreitet; ihre jeweils
aktuelle Wärmespeicherung ist abhängig von der Temperatur des Speichermediums,
z. B. Wasser.
    Bereits seit vielen Jahren werden diverse alternative Wärmespeicher-
Technologien erforscht und entwickelt, z. B. Latent- und thermochemische

Wärmespeicher. Diese speichern Wärme durch Änderung des Aggregatzustandes oder endo- u. exothermischen Reaktionen. Bisher haben diese Alternativen noch keine nennenswerte Verbreitung gefunden; daher sind in Kostenübersichten i. d. R. nur sensible Wärmespeicher zu finden. Sensible thermische Wärmespeicher sind ähnlich bewährt und ausgereift wie Erdgaskessel. Aufgrund der Reife der Technologie, der großen kumulierten Produktionszahl und höchstens geringem Effizienzsteigerungs- und Kostensenkungspotenzial durch bessere Materialien (bspw. neue Isoliermaterialien) wird davon ausgegangen, dass es kein relevantes weiteres Kostensenkungspotenzial gibt.

Stromspeicher

Für elektrische Speicher auf Lithium-Basis liegen kaum zuverlässige Informationen über spezifische Kosten verschiedener Größen vor. Die Kosten ändern sich momentan zudem stark durch dynamische Skaleneffekte, sodass Werte unterschiedlicher Jahre kaum gemeinsam für die Betrachtung von statischen Effekten genutzt werden können. Diverse Studien sind sich weitgehend einig, dass bei Lithium-Ionen-Batterien noch ein erhebliches Kostensenkungspotenzial vorhanden ist. Elektrische Speicher werden nicht nur für den stationären Einsatz als sog. Heimspeicher oder zur Regelung des Stromnetzes benötigt. Aktuell finden Lithium-Ionen-Akkus eine vermehrte Anwendung in der Elektro-Mobilität. Entsprechende Zellen werden auch in vielen Produkten des Consumer-Bereichs benutzt. Durch die aktuell (und zukünftig noch steigenden) hohen Produktionszahlen und des verhältnismäßig am Anfang stehenden Stands der Lernkurve, ist in den kommenden Jahren eine große Kostensenkung zu erwarten.

6.2 Fazit

Für die weitere Ausgestaltung der Energiewende kommt es sehr auf die Verfügbarkeit einer adäquaten Technologie-Plattform an (siehe Göllinger 2021). Hierbei spielt jeweils nicht nur die Existenz und Anwendbarkeit einer Technologie eine Rolle, sondern auch deren Kosten- bzw. Preisniveau. Insofern stellen die statischen und dynamischen Skaleneffekte bei Energietechnologien jeweils einen wichtigen Faktor dar. Der statische Skaleneffekt in Gestalt des Größendegressionseffektes hat einen großen Einfluss auf die Frage, ob eher kleinere oder eher größeren Varianten einer Technologie zum Einsatz kommen und damit auch darauf, ob die Energieversorgung eher auf dezentralen oder auf zentralen Technologien basiert bzw. welche Kombination daraus sich ergibt. Bei dynamischen

Skaleneffekten kommt es auf die noch vorhandenen Lernpotenziale einer Technologie an und welchen Einfluss diese auf zukünftige Kostensenkungspotenziale für diese Technologie haben. Für beide Varianten der Skaleneffekte kann bzgl. der Beurteilung konkreter Technologien jeweils eine optimistische und eine pessimistische Annahme gemacht werden. Diese Annahmen lassen sich dann jeweils miteinander kombinieren, sodass für jede Technologie idealerweise vier Fälle ihrer zukünftigen Kostenentwicklung zu unterscheiden sind.

Konkret ergeben sich für die als Schlüsseltechnologien der Energiewende verstandene bzw. dazu propagierte Technologien unterschiedliche Situationen. Besonders am Beispiel der verbrennungsmotorischen KWK ist zu sehen, dass die technologischen Restriktionen für diese Technologie Grenzen in der Skalierbarkeit nach unten abstecken und damit sehr kleine Aggregate weiterhin bzgl. ihrer Effizienz (Stromwirkungsgrad) und ihrer Kosten großen Nachteile aufweisen. Insgesamt bestehen bei dieser Technologie aufgrund ihrer hohen Reife und einem bereits weitgehenden Durchlaufen der Lernkurve keine bedeutsamen Kostensenkungspotenziale mehr.

Dagegen ist die Photovoltaik eine Technologie, die gemäß einschlägiger Studien noch weiterhin über beachtliche Potenziale zur Realisierung von Lernkurveneffekten verfügt, obwohl sie in den letzten Jahrzehnten bereits eine beeindruckende Lernkurve durchlaufen hat. Bei Windenergieanlagen ist zwischen Onshore- und Offshore-Anlagen zu unterscheiden. Zumindest letzteren wird noch ein größeres Kostensenkungspotenzial zugesprochen; allerdings ist zukünftig die Verknappung günstiger Standorte stärker zu berücksichtigen.

Für die Wärmepumpe besteht zwar insgesamt ein hohes Anwendungspotenzial, allerdings nur ein geringes Lernkurvenpotenzial, zumindest bzgl. der Wärmepumpe an sich. Unklar ist die Situation bei den Technologien zur Gewinnung der für den Wärmepumpenbetrieb notwendigen Umweltwärme. Schließlich wird auch einer weiteren Schlüsseltechnologie der Stromwende, den als Stromspeichern genutzten Batterien, noch ein hohes Lernkurvenpotenzial zugesprochen.

Mit weiteren differenzierten Markt- und Technologieanalysen liegen zukünftig noch umfassendere und belastbarere Daten zur Quantifizierung von statischen und dynamischen Skaleneffekten vor. Solche Analysen können somit das technoökonomische Verständnis hinsichtlich dieser Technologien noch weiter befördern.

Was Sie aus diesem *essential* mitnehmen können

- Ein Grundverständnis bzgl. der Ursachen und Folgen von statischen und dynamischen Skaleneffekten bei Energietechnologien;
- Kenntnis der empirischen Befunde zu den technoökonomischen Parametern diverser KWK-Varianten, insbesondere BHKW;
- Einsicht in die technoökonomischen Verhältnisse bei der Photovoltaik und Windkraftanlagen sowie weiterer Energiewende-Technologien.

T. Göllinger, *Technoökonomie der Energiewende*, essentials, https://doi.org/10.1007/978-3-658-38902-4

Literatur

Acatech, Leopoldina, Wissenschaftsunion: Flexibilitätskonzepte für die Stromversorgung 2050. Technologien – Szenarien – Systemzusammenhänge. München (2015)

Agentur für Erneuerbare Energien e. V. (AEE) (Hrsg.): Investitionskosten von Energiewende-Technologien. Forschungsradar Energiewende. Metaanalyse. Berlin (2016)

Agora Energiewende: Stromspeicher in der Energiewende. Berlin (2014)

Arbeitsgemeinschaft für sparsamen und umweltfreundlichen Energieverbrauch e.v. (ASUE) (Hrsg.): BHKW-Kenndaten 2014/2015. Module, Anbieter, Kosten. Berlin (2014)

Basshuysen, R., Schäfer, F. (Hrsg.): Handbuch Verbrennungsmotor, 8. Aufl., Springer, Wiesbaden (2017)

Breyer, C., et al.: Vergleich und Optimierung von zentral und dezentral orientierten Ausbaupfaden zu einer Stromversorgung aus Erneuerbaren Energien in Deutschland. R. Lemoine-Institut, Berlin (2014)

Buller, M.: Wird der Einsatz hocheffizienter Technologien „eingedämmt"? In: gwf - Gas|Erdgas Ausgabe September 2012, S. 696–699

Buller, M./Lefort, N./Wenzel, M: Blockheizkraftwerke 2013. In: gwf - Gas|Erdgas Ausgabe Juni 2014, S. 376–381

Bundesministerium für Verkehr und digitale Infrastruktur (BMVI) (Hrsg.): Räumlich differenzierte Flächenpotentiale für erneuerbare Energien in Deutschland. Berlin (2015)

Bürger, V., et al.: Klimaneutraler Gebäudebestand 2050. Umweltbundesamt. Dessau-Roßlau (2016)

Candelise, C., Winskel, M., Gross, R.J.K.: The dynamics of solar PV costs and prices as a challenge for technology forecasting. Renew. Sustain. Energy Rev. 26, 96–107 (2013)

Coenenberg, A.G., Fischer, T.M., Günther T.: Kostenrechnung und Kostenanalyse, 8. Aufl. Schäffer-Poeschel, Stuttgart (2012)

Crastan, I.V.: Elektrische Energieversorgung 2, 4. Aufl., Springer, Berlin (2018)

Dismukes, D.E., Upton, G.B.: Economies of scale, learning effects and offshore wind development costs. Renew. Energy 83, 61–66 (2015)

DLR, Fraunhofer IWES, IfNE: Langfristszenarien und Strategien für den Ausbau der erneuerbaren Energien in Deutschland bei Berücksichtigung der Entwicklung in Europa und global. Schlussbericht im Auftrag des BMU. Stuttgart (2012)

Elsner, P., et al. (Hrsg.): Flexibilitätskonzepte für die Stromversorgung 2050: Technologien – Szenarien – Systemzusammenhänge. Acatech, München (2015)

© Der/die Herausgeber bzw. der/die Autor(en), exklusiv lizenziert an Springer Fachmedien Wiesbaden GmbH, ein Teil von Springer Nature 2022
T. Göllinger, *Technoökonomie der Energiewende*, essentials,
https://doi.org/10.1007/978-3-658-38902-4

Emig, G., Klemm, E.: Technische Chemie, 5. Aufl., Springer, Berlin (2005)

Fraunhofer Institut für Windenergie und Energiesystemtechnik (IWES) (Hrsg.): Windenergie Report Deutschland 2016. Kassel (2017)

Fraunhofer ISE: Current and Future Cost of Photovoltaics. Long-term Scenarios for Market Development, System Prices and LCOE of Utility-Scale PV-Systems. Study on behalf of Agora Energiewende. Freiburg (2015a)

Fraunhofer ISE: Was kostet die Energiewende? Wege zur Transformation des deutschen Energiesystems bis 2050. Freiburg (2015b)

Fraunhofer IWES, et al.: Interaktion EE-Strom, Wärme und Verkehr. Kassel (2015)

Fraunhofer UMSICHT, Fraunhofer IWES: Abschlussbericht Metastudie Energiespeicher. Bonn (2014)

Göllinger, T.: Betriebswirtschaftliche Aspekte der Photovoltaik. IöB-Arbeitspapier Nr. 37. Siegen (2004)

Göllinger, T.: Perspektiven eines Systemischen Nachhaltigkeitsmanagements. In: Göllinger, T. (Hrsg.) Bausteine einer nachhaltigkeitsorientierten Betriebswirtschaftslehre, S. 105–130. Metropolis, Marburg (2006)

Göllinger, T.: E-Mobility als Baustein einer energieeffizienten Stadt. IöB-Arbeitspapier Nr. 49. Siegen (2009)

Göllinger, T.: Systemisches Innovations- und Nachhaltigkeitsmanagement. Metropolis, Marburg (2012)

Göllinger, T.: Übersicht und Systematik zu Skaleneffekten von Energietechnologien – Theoretisch-konzeptionelle Grundlagen. IöB-Arbeitspapier Nr. 64. Siegen (2017)

Göllinger, T.: Energiewende in Deutschland. Plurale ökonomische Perspektiven. Springer-Gabler, Wiesbaden (2021)

Göllinger, T., Gaschnig, H., Heidtmann, F.: Konzeptionelle Ansätze zur Modellierung einer hybriden und sektorgekoppelten Energieversorgung. IöB-Arbeitspapier Nr. 65. Siegen (2017)

Göllinger, T., Gaschnig, H., Knauf, J.: Übersicht und Systematik zu Skaleneffekten von Energietechnologien – Empirie und Anwendungen I: Photovoltaik und Windkraft. IöB-Arbeitspapier Nr. 66. Siegen (2018)

Göllinger, T./Harrer-Puchner, G.: Bioökonomie aus Perspektive der Biokybernetik. In: Jeschke, B.G./Heupel, T. (Hrsg.): Bioökonomie. Impulse für ein zirkuläres Wirtschaften. Springer-Gabler, S. 57–89. Wiesbaden (2022)

Göllinger, T., Knauf, J.: Übersicht und Systematik zu Skaleneffekten von Energietechnologien – Empirie und Anwendungen II: BHKW. IöB-Arbeitspapier Nr. 67. Siegen (2018)

Göllinger, T., Knauf, J.: Szenario-Analyse einer sektorgekoppelten kommunalen Energieversorgung. IöB-Arbeitspapier Nr. 70. Siegen (2019)

Greenpeace: Energy [R]evolution—A sustainable world energy outlook (2015)

Hau, E.: Windkraftanlagen. Grundlagen, Technik, Einsatz, Wirtschaftlichkeit, 6. Aufl. Springer-Vieweg, Berlin (2016)

Haysom, J. E., et al.: Learning curve analysis of concentrated photovoltaic systems. In: Prog. Photovoltaics Res. Appl. 23(1), 1678–1686 (2015)

Henderson, B.D.: Die Erfahrungskurve in der Unternehmensstrategie, 2. Aufl., Campus, Frankfurt a. M. (1984)

Henning, H.M., Palzer, A.: Was kostet die Energiewende? Wege zur Transformation des deutschen Energiesystems bis 2050. Fraunhofer ISE. Freiburg (2015)

Jäger-Waldau, A.: JRC Science for Policy Report. PV Status Report 2019. Publications Office of the European Union, Luxembourg (2019)

Junginger, M., et al.: Technological learning in bioenergy systems. Energy Policy 34(18), 4024–4041 (2006)

Junginger, M., Faaij, A., Turkenburg, W.C.: Cost reduction prospects for offshore wind farms. Wind Eng. 28(1), 97–118 (2004)

Kirchner, A., Schmidt, M.: Praxishandbuch Kraft-Wärme-Kopplung. Beuth, Berlin (2018)

Kittner, N., Lill, F., Kammen, D.M.: Energy storage deployment and innovation for the clean energy transition. Nat. Energy 2(9), Artikelnummer 17125 (2017)

Kölbel, H., Schulze, J.: Projektierung und Vorkalkulation in der Chemischen Industrie. Springer, Heidelberg (1960)

Kost, C., et al.: Stromgestehungskosten Erneuerbare Energien. ISE-Freiburg (2013)

Ludwig, L.: Die Größendegression der technischen Produktionsmittel. Springer, Wiesbaden (1962)

Mertens, K.: Photovoltaik. Lehrbuch zu Grundlagen, Technologie und Praxis. 3. Aufl., Hanser, München (2015)

Mohrdieck C., Venturi M., Breitrück K.: Mobile Anwendungen. In: Töpler J., Lehmann J. (Hrsg.) Wasserstoff und Brennstoffzelle. Springer, Berlin (2017)

National Renewable Energy Laboratory (NREL): Best Research-Cell Efficiencies. Denver (USA) (2015)

o. V.: Pkw-Antriebe im Überblick – Vergangenheit, Gegenwart und Zukunft. Onlineartikel auf Springer Professional

Öko-Institut, Fraunhofer ISE: Klimaneutraler Gebäudebestand 2050. Freiburg (2016)

Pillai, U.: Drivers in cost reduction in solar photovoltaics. Energy Econ. 50, 286–293 (2016)

Prognos, EIW, GWS: Entwicklung der Energiemärkte – Energiereferenzprognose. In: Studie im Auftrag des Bundesministeriums für Wirtschaft und Technologie (heute: Bundesministerium für Wirtschaft und Energie). Basel (2014)

Rubin, E.S., et al.: A review of learning rates for electricity supply technologies. Energy Policy 86, 198–218 (2015)

Sanner, B., et al.: Strategic Research and Innovation Agenda for Renewable Heating & Cooling. EU publications, Luxembourg (2013)

Schaumann, G., Schmitz, K.W. (Hrsg.): Kraft-Wärme-Kopplung, 4. Aufl., Springer, Heidelberg (2010)

Schlesinger, M., et al.: Entwicklung der Energiemärkte–Energiereferenzprognose. Prognos, Basel (2014)

Schreiner, K.: Verbrennungsmotor – kurz und bündig. Springer, Wiesbaden (2017)

Schröder, A., et al.: Current and prospective costs of electricity generation until 2050. DIW Data Documentation, No. 68. Deutsches Institut für Wirtschaftsforschung (DIW), Berlin (2013)

Schubert, S., Härdtlein, M., Graf, A.: Mini-/Mikro-KWK im Kontext der deutschen Energiewende – Eine Analyse des soziotechnischen Innovationsfeldes. Konferenz-Beitrag, Stuttgart (2014)

Schwanitz, V.J., Wierling, A.: Offshore wind investments–Realism about cost developments is necessary. Energy 106, 170–181 (2016)

Staffell, I., Green, R.: The cost of domestic fuel cell micro-CHP systems. Int. J. Hydrogen Energy 2(38), 1088–1102 (2013)

Teske, S., et al.: Energy [R]evolution – A sustainable world energy outlook 2015. Greenpeace International (2015)

Voormolen, J.A., Junginger, H.M., Van Sark, W.G.J.H.M.: Unravelling historical cost developments of offshore wind energy in Europe. Energy Policy **88**, 435–444 (2016)

Wallasch, A.-K., Lüers, S., Rehfeldt, K.: Kostensituation der Windenergie an Land in Deutschland – Update. Varel (2015)

Wesselak, V., Voswinckel, S.: Photovoltaik. Wie Sonne zu Strom wird, 2. Aufl., Springer, Berlin (2016)

Williams, E., Hittinger, E., Carvalho, R., Williams, R.: Wind power costs expected to decrease due to technological progress. Energy Policy **106**, 427–435 (2017)

Williams, R.: 'Six-tenths factor' aids in approximating costs. Chem. Eng. **54**, 124–125 (1947)

Wirth, H.: Aktuelle Fakten zur Photovoltaik in Deutschland. Fraunhofer ISE. Freiburg (2022)

Wolf, S., et al.: Analyse des Potenzials von Industriewärmepumpen in Deutschland. IZW, Stuttgart (2014)

Springer Gabler

}essentials{

Thomas Göllinger

Energiewende in Deutschland

Plurale ökonomische Perspektiven

Springer Gabler

Printed in the United States
by Baker & Taylor Publisher Services